·元气满满下午茶系列·

ALL ABOUT COFFEE

完全咖啡知识手册

升·级·版

日本枻出版社编辑部 编

张文慧 译

中国轻工业出版社

目录

追寻极致美味的
一杯咖啡

※ 本书是对《咖啡发烧友》《咖啡全解手册》内容进行润色、修改、重编而成的。

心在咖啡浮沫
上跃动

第二部分

当代日本咖啡中的"3贤"和 11 大趋势

"3 贤"

11 大趋势

第一部分

咖啡基础知识

No.
1
选
豆

No.
2
烘
焙

No.
3
研
磨

No.
4
冲泡方法

喜欢咖啡　咖啡已成为我们日常生活中的一部分，也正因为过于常见，所以很少有人会去认真学习咖啡的相关知识。但是，一旦你掌握了这些基本知识，入口的咖啡会在不知不觉中，变得比平时更美味！

No.

5

混合咖啡

No.

6

咖啡杯

No.

7

热水水温

No.

8

保存方法

知道这些知识
会让咖啡变得
更美味！

选豆

香气馥郁的咖啡风味，源自一颗颗咖啡豆。
了解咖啡豆所经历的工序和豆子的"个性"，能让
手中的咖啡添加更多丰富的口味。

Choosing Beans

先来了解两大咖啡豆品种

据说，咖啡豆的品种总数超过200种。
让我们从在日本最为人熟知的阿拉比卡和罗布斯塔两种豆子说起吧。

阿拉比卡	罗布斯塔

基本款
咖啡豆

以产量
见长

属性平衡，是最主要的咖啡豆种

　　阿拉比卡豆包含了层次丰富的香气、苦味和甘甜，是颇负盛名的一款精品咖啡。这种咖啡豆抗病虫害能力弱，一般种植在高海拔地区。尽管如此，阿拉比卡仍占世界咖啡豆总产量约70%，是最为普及的咖啡豆。经过自然杂交和品种改良，阿拉比卡咖啡的种类进一步细分，尤以波旁种、铁比卡种最为常见，在世界各地均有栽种。

易于栽培，然而口味略特殊

　　罗布斯塔豆可以在低地栽培，抗病虫害力强，其生产量非常稳定。然而，这种咖啡豆带有与生俱来的泥土味，并不适合清咖啡。人们一般会在制作意式浓缩咖啡时，少量添加这种咖啡豆，为咖啡豆添上一份馥郁口感。通常认为罗布斯塔咖啡豆的品质劣于阿拉比卡，不过近几年也出现了许多优质的罗布斯塔品种。

特点迥异的两大咖啡原生种

咖啡树的生长环境要求全年气温平均在20℃左右，并能够在生长期获得充足的雨水，因此，赤道附近的温暖地区便成了主要的咖啡产地。供饮用的咖啡豆品种主要有阿拉比卡豆和罗布斯塔豆（中粒种之一），前者口感浓郁、香味丰富，还带有一些酸味，最适合制作普通浓缩咖啡。在日本，咖啡店自己烘焙的首选豆子也是它。阿拉比卡咖啡的原产地在埃塞俄比亚，现在已经在巴西、哥伦比亚等地广泛栽培，产地遍及中美洲到亚洲各地。突变和品种改良让阿拉比卡咖啡的种类进一步分化，其中最有名的便是2004年，在最佳巴拿马（BOP）竞拍中刷新最高成交纪录的稀有咖啡：瑰夏（Geisha）咖啡了。罗布斯塔咖啡比阿拉比卡咖啡更容易栽培，产量也更高，由于这种咖啡价格低廉，因此也被用作速溶咖啡的原料。

咖啡生豆会随时间逐渐改变

人们利用时间来改变收获后咖啡生豆的风味，
而生豆的品种不同，打造出最佳风味的时机也各不相同。
近年最受瞩目的是收获当年的新豆

陈年豆	旧豆	新豆

多年贮藏后成熟的黄褐色的豆子

这是收获后历经多年的咖啡豆。过去，豆子的成熟年数越久，价格越高。然而，最近有越来越多的人认为这种咖啡豆不具备商业价值。不过，这类豆子有其独特的浓郁口味，因此也会将其少量用于混合咖啡。

适度成熟是前年收获的味道

一年的贮藏期，会让咖啡豆中的水分适度蒸发，表面略微呈现白色。这种成熟度对于一些咖啡豆来说，可以恰到好处地磨掉酸味的尖锐感，获得更好的平衡感。可以用于不宜带酸味的意式浓缩咖啡的制作。

充满光泽的新鲜感是新豆才有的风味

豆子表面隐约可见的绿意，代表了收获后时日尚短、尚含有充沛水分的新鲜感。半年的贮藏期，能够让豆子保留清新的香味，做成清咖啡更突显咖啡豆的个性。

带有绿色光泽的是水分丰沛的、收获后时日尚短的生豆。日本每个季度都要从各国进口当季的新豆。因此，只要你知道新豆的到货时间，就能够品尝对应的咖啡了。具体时间会受到当时气象条件影响，而一般情况下，中美洲在6～8月，巴西在10～12月，非洲在2～4月。一些定位精品咖啡的店铺，还会随时采购新豆。

咖啡带

什么是咖啡带？

咖啡带是指赤道上咖啡产区聚集的地带。

该地区位于北纬25°和南纬25°之间，横跨赤道，适合种植咖啡。此外，该地适宜的气温、降雨量、海拔等也是栽培咖啡的必要条件。

萨尔瓦多共和国

备受瞩目的高级咖啡豆种"帕卡马拉"

帕卡马拉是有名的咖啡豆种，为帕卡斯和象豆的混种。豆大有形，带有橙子般的香味。

印度

阿拉比卡的品质正不断得到提高

该地的主要品种为罗布斯塔，高质量的豆种在欧洲用于制作浓缩混合咖啡，备受珍重。此地的阿拉比卡产量也在不断增加。

哥斯达黎加

用小型磨豆机研磨出高品质的咖啡豆

哥斯达黎加咖啡协会支持当地种植咖啡豆、禁止种植罗布斯塔，全力生产阿拉比卡。当地有很多优质小农场。

卢旺达

显著发展的非洲咖啡新星

殖民时期，每位农户被强迫义务栽培70棵咖啡树，自此，当地主要由小农户栽培咖啡树。

肯尼亚

精品咖啡的代表

优质的肯尼亚豆子被欧洲尤为珍视，并以高价售卖。在精品咖啡的世界里是不可或缺的存在。

埃塞俄比亚

咖啡大国，阿拉比卡种的发源地

其国土的大部分为山岳地带，该国现在也有一部分的咖啡是从野生的咖啡树上收获的。埃塞俄比亚国内对咖啡的需求高，收获的咖啡豆中，30%~40%用于其国内消费。

印度尼西亚

亚洲首屈一指的咖啡出口国

罗布斯塔种，以苏门答腊岛的"曼特宁"为代表的高品质阿拉比卡以及苏拉威西岛的"托拉贾"都是当地有名的咖啡豆。

世界咖啡产地

现在，在全世界范围兴起了一股崇尚精品咖啡的热潮，在这一潮流中，咖啡豆的品质也得到了快速提升。在世界各地，出现了越来越多的精品生豆农园。

危地马拉

逐渐为人所知的魅力农园

危地马拉国土面积约为日本的三分之一，却有着中美地区第二大咖啡生产量。其生产的咖啡豆香气层次丰富，最适合做混合咖啡的主豆。

洪都拉斯

酸味柔和，在日本很受欢迎

洪都拉斯每年出口 24000 吨咖啡豆。海拔 1000 米的山岳地带占国土面积三分之一，这里生长出带着柔和酸味的咖啡豆。

尼加拉瓜

充满多样性的品种颇具魅力

在尼加拉瓜有着极其丰富的咖啡品种，所以不妨尝试不同农场的产品，比较一下它们的味道吧。尼加拉瓜西部山岳地带是主要的咖啡栽培地。

多米尼加

加勒比海风养育的稀少豆种

多米尼加的咖啡树在山海环绕、充满起伏的山坡栽培，收获量较少，在日本是一种非常稀有的咖啡。

巴拿马

著名的瑰夏咖啡的一大产地

巴拿马巴鲁火山山脚下，这片矿物质丰富的地区聚集了大量咖啡农场。尤其是以自身类似水果的气味令世界震撼的瑰夏咖啡最为知名。

哥伦比亚

多样的气候带来的多种多样口味

哥伦比亚多样的地形和气候条件，让这一地区能够产出风味迥异的各类豆子。哥伦比亚咖啡在精品咖啡生产上的努力也令人瞩目。

玻利维亚

山岳地带培育的浓郁和甘甜

玻利维亚是一个安第斯山脉纵贯的南美洲内陆国。在这里，海拔超过 1500 米的高原地区也大量种植着咖啡豆，它是精品咖啡的主要产区。

巴西

产量世界第一的咖啡大国

巴西的咖啡产量居于世界第一位，是名副其实的"咖啡之国"，不仅如此，栽培品种也多种多样，并且越来越多的巴西年轻人渴望成为一名咖啡师。

烘焙

烘焙，是决定咖啡味道的一部重要工序。

那么，哪些手法的不同会导致味道产生差异呢？

为了进一步了解和学习，我们向顶级咖啡烘焙师请教了其中的秘技。

Roasting

林大树

在神乐坂的，烘焙批发公司"山下咖啡"老店工作了10年，参与创立了"奶油作物咖啡"。之后独立，于2013年9月在东京江东区开设了"新兴咖啡烘焙店（ARiSE COFFEE ROASTERS）"。

简介
新兴咖啡烘焙店

地址：东京都江东区平野1-13-8
电话：03-3643-3601
营业时间：10:00-18:00
休息：星期一

竖起耳朵，不要错过最好的瞬间

　　虽然新兴咖啡烘焙店的规模较小，却是日本顶级的自营咖啡烘焙店。店长林大树先生在老店"山下咖啡"习得了一身技艺，参与了名店"奶油作物咖啡"的开业工作，负责给店铺咖啡调味。"烘焙需要能判断出哪种壶可以烘焙出最美味的咖啡豆。其中最讲究的要数制作精品咖啡的豆子了。因国家、品种的不同，豆子的状态会不一样，且每年的豆子也会有所不同。"

　　烘焙的时候，除了时间和温度，还要集中精神去听豆子的声音。

　　"当听到有啪啪裂开的声响，就表明这时候烘焙工序完成，可以在此时判断豆味回收了多少。如果错失了时机，豆味没有出来也没关系，可以在之后的冲泡过程中，微调时间和温度进行挽救。一些咖啡烘焙专家会用上好的豆子来一比高下，但是一般的消费者们只要品尝到日常的美味口感就会心满意足了。"

（1）烘焙时豆子上会脱落一层薄皮。如果残留有这层皮，会使咖啡豆带有杂味。

（2）余热会继续烘焙咖啡豆，所以要在筛网上移动豆子，使其尽快冷却。

（3）温度一升高，豆子内部就会产生小的破裂，能听到爆裂的声音。这是烘焙完成的重要瞬间。此时要判断烘焙的程度如何，然后将加热的豆子从滚筒中取出。

（4）根据产地、农园、品种、精制方法的不同，豆子们会有着不同的"个性"，下图为中度烘焙后的咖啡豆。

1	2
3	4

带杂味的原因就在于此

现在难以知道的烘焙那些事

咖啡离不了烘焙，而其中的奥妙却深之又深。
那么接下来让我们通过下面4个问答，一起探寻咖啡烘焙的精髓吧。

Q1 － 为什么咖啡豆需要烘焙？

A － 适度加热咖啡豆可以促使其成分发生变化。

从产地运过来的咖啡豆，一般都是生豆。即使直接进行研磨、滴滤，也完全引不出豆子的香味。因此就需要烘焙豆子，把隐藏在豆里的力量激发出来。所以通过加热让成分发生变化的这道工序是必不可少的。

烘焙后，生豆中所含的水分会蒸发，成分也会发生变化。产生香味、苦味、酸味、甜味等，形成众所周知的咖啡味。

Q2 － 如何决定烘焙度？

A － 根据不同咖啡豆的个性，不断地进行尝试和调整。

根据豆子的产地、品种、状态等，在大致判断之后，首先少量烘焙。在确认好了味道和程度之后进行微调，使之接近理想的味道。没有严格规定的数值、规则，烘焙程度反映着每位烘焙师的敏感性。因此即使是相同的豆子，也会有不同的味道。

Q3 - 根据烘焙手法的不同，豆子会有怎样的变化呢？

A - 浅度烘焙会加强酸味，深度烘焙会提升苦味和咖啡浓度。

根据烘焙时间的不同，咖啡豆的颜色、香气、味道会发生变化。一般来说，浅度烘焙会强调酸味，随着烘焙程度加深，苦味和醇厚度增加。烘焙的等级从"极浅度"到"极深度"有8个等级，烘焙程度如何，看的不是烘焙的时间，而是颜色。浅烘焙的豆子色泽偏淡，咖啡因含量较高；而要追求突出的苦味，则需将咖啡豆烘焙至深色。

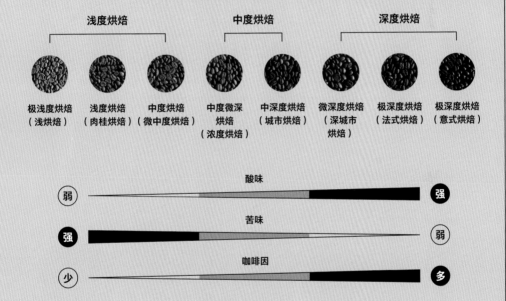

| 浅度烘焙 | 中度烘焙 | 深度烘焙 |

| 极浅度烘焙 (浅烘焙) | 浅度烘焙 (肉桂烘焙) | 中度烘焙 (微中度烘焙) | 中度微深烘焙 (浓度烘焙) | 中深度烘焙 (城市烘焙) | 微深度烘焙 (深城市烘焙) | 极深度烘焙 (法式烘焙) | 极深度烘焙 (意式烘焙) |

酸味 弱 —— 强

苦味 强 —— 弱

咖啡因 少 —— 多

Q4 - 烘焙的过程中，最重要的是什么？

A - 要最大限度地保留和发挥豆子的魅力。

烘焙虽然有相关理论，但并没有明确的规定。因此如何激发豆子的个性，就得看烘焙师的本事了。需要烘焙师了解豆子原本的特色、酸味和苦味、口感、醇厚度等，并充分发挥豆子的这些特点。从某种意义上说，有点像买彩票，比较随机，这也可以说是烘焙咖啡的一大乐趣。

研磨

根据磨豆机的种类和萃取方法的不同，磨豆的方式十分多样，而且仅仅是研磨粒度的差异就会影响到咖啡的风味，此处细致的一面也让人再次意识到咖啡的深奥和妙趣。

Grinding

选择适合咖啡滤杯的研磨方法

一般来说，研磨豆子需根据萃取器具的不同采用不同的方法。
下面就由野性咖啡店的店长——天坂信治先生来讲解一下研磨咖啡的最佳组合。

粗度研磨

与偏酸味的咖啡相搭

粗糖般的粒度适用于咖啡滤压壶或咖啡过滤器等器具；也适合于将粉末浸泡在热水中的冲泡方法，不过这种方法就需要花费些时间，适合用来制作酸味咖啡。

中度研磨

用途广泛的标准研磨法

普通咖啡的粒度介于粗砂糖和细砂糖。适用于多种方法，如滤纸冲泡法、法兰绒滴滤法、咖啡机、虹吸式萃取法等。

细研磨

可尽情享受深沉的苦味

砂糖般粗细的咖啡粉表面积大，适合用摩卡壶、冷萃机等制作出苦味咖啡。比其颗粒更小的极细咖啡粉，则宜用浓缩咖啡机。

极细研磨

浓缩咖啡不可或缺的细度

粒度最细的咖啡粉很难用滴滤式器具来萃取。常用于制作具有强烈苦味的浓缩咖啡。为了能够均匀细致地研磨，最好使用专用的磨豆机。

避开"香味的大敌"——高温

手动、电动磨豆机在研磨时，都需要注意把握好温度。在高速旋转的电动研磨机中，由于摩擦，如咖啡生命般的香味容易消散，研磨完后仍会有很多杂味。但电动磨豆机又比手磨要方便、高效，让人难以割舍。所以使用电动磨豆机时，可以用手摇晃器具5秒，帮助豆粉散热。经过这样5～6次的操作后，可有效控制温度，同时也能将咖啡豆研磨得更均匀。保养磨豆机只需要用刷子刷掉上面的粉末即可。但要注意的是，如果刀片生锈的话，研磨容易不均匀，就很难有稳定的咖啡味。

店铺信息
野性咖啡店

地址：东京都板桥区舟渡3-21-23
电话：03-6279-8787
营业时间：9:00-17:00
休息：周六、周日、日本法定节假日

烘焙与研磨相组合会带来怎样的口味变化呢？

根据豆子的个性挑选了相匹配的烘焙度、器具来进行研磨后，终于要到了萃取这一步了。
根据热水的温度和泡法的不同，咖啡的味道和香气也会发生变化。

中度烘焙（微中烘焙）	中深度烘焙（城市烘焙）	极深烘焙（法式烘焙）
浅度烘焙	中度烘焙	深度烘焙
×	×	×
粗度研磨	中度研磨	中度研磨
×	×	×
90℃（高温）	85～87℃（中温）	82～84℃（中低温）

中度烘焙的魅力在于轻盈的香气和酸味，容易入口，富有魅力。推荐给不喜欢喝浓咖啡的人。用深度烘焙的豆子可以增强苦味。

这一操作组合恰到好处地把豆子的个性展现出来，中深度烘焙使得咖啡的苦味、酸味、浓度得到平衡，有着标准的咖啡味。可根据自己的喜好调整标准。萃取按标准速度即可。

通过这一组合操作完成后的咖啡苦味重，香味馥郁，又称为"欧式咖啡"，在欧洲的咖啡厅等地十分受欢迎，不仅可作为清咖啡，也可与牛奶、砂糖相搭配。

咖啡基础知识

激发豆子潜力的"魅惑"技术

冲泡方法

手冲咖啡能带来令人无比幸福的咖啡时光。将开水倒入刚磨好的豆粉里，一瞬间香飘四溢，风味独特。接下来，是各位实力派咖啡师们的讲座时间。

Brewing

完全咖啡知识手册（升级版）

要遵守
7条原则

甲田荣二

1976年出生于北海道。1997年加入UCC食品服务系统株式会社。在UCC广场咖啡厅札幌太阳广场店，从事咖啡萃取、接待客人、店长等相关工作。2012年，获得了日本手冲咖啡锦标赛的冠军。

通过掌握基本知识来把控味道的变化

在店里点咖啡的时候，喜欢什么样的味道因人而异，有人喜欢酸味很强的果味，也有人喜欢浓厚的咖啡味等。但是，能亲手泡出想要的味道的人，又有多少呢？如果能根据当天的心情，给自己泡出理想中的一杯咖啡，每日的咖啡时间就会变得更加充实。

什么是日本手冲咖啡锦标赛（JHDC）？

这是一个由日本精品咖啡协会主办的比赛，是专门为日本最受欢迎的萃取方法"手冲"创办的咖啡竞技赛。手冲看似简单，但其中的匠心和创意却是最大的看点。

要冲泡出美味的咖啡，需要知道以下7点

甲田先生认为，要制作出理想的咖啡，绝非难事。
重要的是将那些常识变成习惯。

1
—
要用新鲜烘焙出的豆子。

2
—
用合适的器具研磨豆子。

3
—
咖啡粉量要适当。

4
—
用适量的水。

5
—
注入水的时候，要有『温柔地加入』的意识。

6
—
用适宜的温度和水量进行萃取。

7
—
用适宜、洁净的咖啡器具。

只要知道冲泡咖啡的要点，谁都可以泡出美味的咖啡

要冲泡出美味的咖啡，首先就要锻炼冲泡的手艺，然后掌握适宜的研磨法、萃取法以及辨别烘焙后的豆子状态的能力。

特别是手冲咖啡，这就更要求咖啡师的直觉和技术。所以需要平日里多练习不同的冲泡法，使之成为日常习惯。不知不觉中，就会发现自己已经成长成一名咖啡专家，能够冲泡出一杯适合自己的咖啡。

有人会想在自己家中还原一流咖啡师冲泡出的美味咖啡，但是一旦尝试着去做，就会发现咖啡味道并不稳定，只有苦味。这么看来，一般的冲泡方法是行不通的。"手冲"看似简单，实则内里的学问却很深，其中没有绝对正确的答案。越了解咖啡，越发现里面如谜团般深奥。可能也因此会有人放弃对咖啡的探求。但是，其实只要我们掌握一些规律，通过实践，谁都能做出一杯美味的咖啡。

以上是2012年度日本手冲咖啡冠军得主甲田荣二先生传授的专业手冲咖啡师不可不知的咖啡规律。只要按顺序，并小心、仔细地制作咖啡，就应该会发现以前冲泡咖啡时的一些错误。不需要什么特别的技术和经验。首先从冲泡出理想的一杯咖啡所要知道的7条要点开始吧，为了在家冲泡咖啡，备上所需的咖啡器具，按工序学习冲泡美味咖啡的办法吧！

**手冲咖啡要用的
中细度咖啡磨粉**

砂糖般粗细的咖啡粉适合于手冲咖啡的萃取。市面上销售的咖啡也多为中细度磨粉。

017

冲泡前要遵守的基本规则

手冲前要整理好以下信息：
如热水温度引起的平衡变化、闷蒸的重要性、豆子粒度的适应性等。
手冲前要整理好这一信息：
参考下面的图，积累基础知识，是接近顶级咖啡师的最佳途径。

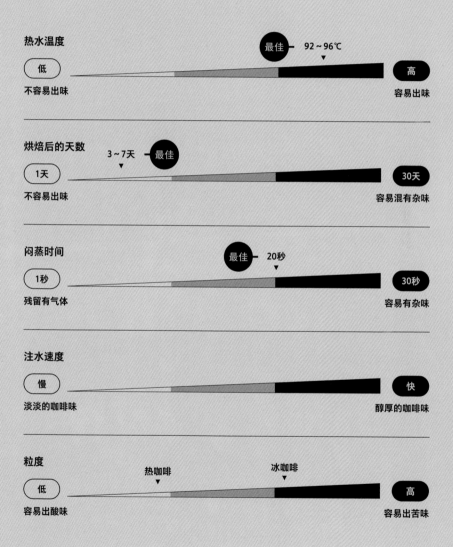

热水温度

低　　不容易出味　　　　　　　　　最佳　92～96℃　　　　高　容易出味

烘焙后的天数

1天　　不容易出味　　　3～7天　最佳　　　　　　30天　容易混有杂味

闷蒸时间

1秒　　残留有气体　　　　最佳　20秒　　　　　　30秒　容易有杂味

注水速度

慢　　淡淡的咖啡味　　　　　　　　　　　　　快　醇厚的咖啡味

粒度

低　　容易出酸味　　热咖啡　　冰咖啡　　　　高　容易出苦味

甲田荣二的理想咖啡冲泡法

你是否有过这样的经历呢？从咖啡店买来美味的咖啡豆，
试着在家里冲泡后，却和记忆里的味道不一样。
跟着甲田先生的冲泡方法走，
只要比平时稍微多注意一些，店里咖啡的味道在家里再现的概率就会大幅提高！

即使是初学者也容易上手冲泡的2杯量

2人份配方

咖啡豆	25g
水	共 320毫升
闷蒸	40毫升
第1次注入的热水量	160毫升
第2次注入的热水量	80毫升
第3次注入的热水量	40毫升

甲田先生爱用的咖啡器具

手冲壶

为了稳定地注入又细又长的热水，壶上的窄口是必不可少的。挑选手冲壶时，注意壶的重量、喷口的细度等，选择顺手的壶形。

量杯

要冲泡出美味的咖啡，就少不了量杯，只要将磨好后的豆子放进去进行测量即可。使用起来十分方便，冲咖啡前请备好该器具。

磨豆机

刚磨好的豆子处于最佳状态。带高质量刀片的磨豆机价格较高，但研磨得更均匀。

分享壶

大部分分享壶都具有很高的隔热性，可以接收刚冲泡出来的咖啡。

电子秤

电子秤可以准确计算出咖啡的萃取量和豆量，是冲泡美味咖啡的必需品。

滤杯

滤杯在萃取咖啡的风味成分方面起着重要的作用。有单孔、三孔、波形等多种形状。

计量勺

为了使味道稳定，确保精确度便十分重要，因此需要用到计量勺。一勺10g的大小比较好用。

第1步

热水温度在94℃左右为最佳

　　理想温度为92～96℃。如果温度太低，很难出味，如果温度太高，又会有杂味。把刚沸腾的水转移到手冲壶里，水温就会恰到好处。

第2步

如何让味道变得稳定？

接触热水的滤杯和分享壶需要温热

　　即使准备了最合适的热水水温，如果萃取器具是冷的，也就徒劳一场了。所以冲泡咖啡前建议先倒水，温热一下咖啡器具。

去掉磨完豆后残留的粉末

　　磨完豆后，量杯侧面残留的细粉是出杂味的原因。一定要清除掉。

注入水之前，将豆粉铺平

　　如果滤杯中粉末表面凹凸不平，则热水的流动就会变得不稳定。可轻轻地将其敲平。

第3步

好好闷蒸，将咖啡豆里的
二氧化碳排出

　　刚烘焙好的豆子含二氧化碳较多，需要闷蒸20秒将气体排出。看到上面的气泡降下来了就表示闷蒸完毕。要注意，当热水沾到滤纸时，水容易流失，不能充分扩散到咖啡粉里。

40毫升

专栏

滤纸的折叠方法

互相交错折叠

　　将滤纸的侧面和底边互为反向折叠，先折叠侧边，然后翻过来折叠底边，这样折比较容易弄明白，而不会折错。

配合滤杯的尺寸

　　按滤杯的大小进行折叠。如果滤纸折叠得没有间隙，则滤纸一定会被热水渗透。

完全咖啡知识手册（升级版）

第4步

热水要温柔地注入

细细注入流水，尽量不要破坏豆子的闷蒸状态。像是画硬币那样，从外到内，再从内到外注入是基本的加水方式。绝对不能一口气灌入太多热水，要徐徐地、温柔地注入，这是加水的铁律。

160毫升

第5步

调节高度使水压恒定

第二次注入热水

咖啡滴滤到1/3左右时，第二次注入热水。为了稳定水压，关键是在注入热水时保持注水的高度。

第三次注入热水

当第二次注水后，滤纸内的水量滴滤到只剩约1/3时，进行第三次注水。为了使水压尽可能恒定，要沉着、平稳地注水。

80毫升

40毫升

第6步

有微粉和气泡就表示制作完成

在制作完成后，如上面留有一些细粉，就表示制作成功。咖啡粉本身起到过滤的作用，有助于不让带杂味的泡沫滴进咖啡里。

完美！

[失败的案例]

起泡了就算失败

注水太多，让咖啡粉都浮起来的话，会出现强烈的杂味。要泡出纯净的咖啡味就绝对不能心急。

粉末没起到过滤的作用

萃取后的状态与理想相去甚远，也没有分层，甚至出现小气泡，这是产生杂味的原因。

用不同器具冲泡咖啡的技巧

想要追求的咖啡味道和喝法不同,
则要用不同的冲泡方法和工具。
让我们一起学习名店中会用到的7种不同的冲泡方法吧!

卡丽塔式滤纸冲泡法

Paper Drip

卡丽塔式滤杯底部为3孔。
用这种滤杯冲泡咖啡时,热水滞留少,过滤快,分几次萃取。
操作简单,只要注意注入热水的方式即可。

| 咖啡工具 |

手冲壶

这是一种喷口很细的不锈钢壶,热水不会一下子流出,要选择适合自己的类型。

咖啡滤杯

上图为卡丽塔式咖啡滤杯,也有陶器材质等设计感强的精品。

滤纸

上图为梯形滤纸。沿穿孔弯曲折叠,使之贴紧滤杯。

店铺信息
茶房 神田伯剌西尔
地址:东京都千代田区神田神保町1-7号小宫山大厦地下
电话:03-3291-2013
营业时间:11:00-21:00;星期日、法定节假日11:00-19:00
休息:无

首先掌握经典的卡丽塔式滤纸冲泡法

卡丽塔式滤杯杯底有3孔,用该滤杯的滤纸冲泡法的优点和魅力在于其萃取时间短,滴水速度快,不容易有杂味。虽然热水要分几次注入,但这也是手冲咖啡的基础冲泡法。关于适宜的热水温度多少为好,标准说法不一。位于日本神保町的咖啡馆——神田伯剌西尔的咖啡豆在浅至中度烘焙的情况下,用90~95℃的水温冲泡。在水沸腾后变静止的这个时机,冲泡出的咖啡不容易出杂味,口感清新纯净。深度烘焙的豆子,需要用沸腾后静止2~3分钟的80~85℃的热水。冲泡出来的咖啡苦味柔和,口感圆润。

1

要先在滤杯、滴滤壶等器具上浇上热水预热。然后放上滤纸，1人份的话则放入10~15g的咖啡粉。

2

在滤杯的左右轻轻敲打，以铺平粉末。然后加入80~85℃的水，水要缓慢注入，将咖啡粉都浇上热水。

3

当热水均匀渗透后，暂停注水，放置10~20秒进行闷蒸。如使用的是新鲜的好豆，豆粉可能会膨胀得很大。

4

闷蒸完后，从中心向外画圆，再次注入热水。中心的热水量要多一些，外侧的热水量少一些。

5

趁咖啡粉尚未下沉的时候，再次注入热水。步骤和4一样，从中心往外侧画圆。不要直接用热水浇滤纸。

6

热水分2~3次注入正好。如果咖啡粉在滤杯内浮动，就会出现杂味。所以即使热水一次性加得不够也不要着急。

7

当滴滤壶的刻度达到目标杯数的时候，停止注入热水。在咖啡粉完全下沉之前将滤杯取走，就不容易出现讨厌的浮沫。

8

在水温还没下降的时候，把萃取的咖啡倒入咖啡杯中。建议事先在咖啡杯中加入热水预热，使之保持比较温热的状态。

柔和的味道

咖啡基础知识

河野式滤纸冲泡法

Paper Drip

河野式是为了还原法兰绒滴滤的味道而打造的冲泡法，
使用的是初学者也容易掌握的单孔型滤杯。
适于冲泡出萃取充分、口感醇厚的咖啡。

| 咖啡工具 |

手冲壶
　　这是由日本堀口咖啡店设计的手冲壶。壶体与把手保持平行，易于拿取，喷口角度绝妙。

滤杯
　　这是专门配置的"河野式名门过滤器"。与一般的滤杯相比，其萃取效率大大提高。

滤纸
　　用合适尺寸的圆锥形滤纸贴合滤杯，沿着穿孔弯曲折叠。

完全咖啡知识手册（升级版）

店铺信息
堀口咖啡狛江店
地址：东京都狛江市泉本町
1-1-30
营业时间：10:00-19:00
休息：星期一（法定节假日
时为星期二休息）

河野式滤杯受到新手和老手们的广泛支持

　　河野式滤杯的特点是为圆锥形，底部有一个大孔。名为"肋"的部分从滤杯内表面的较低部分开始突起。由于滤杯的形状，注入的热水不会在滤杯中停留很长时间，水可以快速透过咖啡粉层；另一方面，从滤杯上部流出的热水减少，杂味难以流出。不同的注水方式，带来的咖啡味道也十分多样。堀口咖啡店就常用这种冲泡法，一些专业人士是此冲泡法的爱好者。通过河野式冲泡法，还能品尝到浓郁、醇香的咖啡，口感犹如法兰绒滴滤冲泡出来的咖啡。

1

正确放置与滤杯尺寸相配的滤纸。加粉后要记得闷蒸。每杯20g咖啡粉量。

2

将热水注入咖啡粉的中心处，使热水均匀地渗透到所有粉上。注入时，可以想象自己在画一个如硬币大小的圆，从中心向外侧加水时要让注水慢慢变细。

3

从较低的位置再次慢慢注入热水。如果过于着急，容易飞粉，会冲出杂味较多的成品。

4

当热水渗透到全部粉末当中后，粉末表面会松散隆起。过段时间，香味飘散出来，浓郁的意式浓缩咖啡也开始缓慢滴落在分享壶内。

5

像画圈圈一样，从中心向外慢慢地倒入热水。粉末隆起后暂停注水。当表面变平时，再重新注入。

6

分几次加热水。每次的注水量逐渐增加，但不浇在边缘的粉末上。注意不用等到咖啡完全滴滤完再加水。

7

一杯咖啡的标准体积是150毫升。最理想的是在2~3分钟完成萃取。时间太长容易有涩味。

8

达到想要的杯量后，即使还有滤汁也要取下滤杯。如果贪多想把所有的咖啡汁都留下，就会有损咖啡的风味。

丰富、醇厚

法兰绒滴滤法

Nel Drip

无论是选豆、研磨度还是闷蒸、热水量等，法兰绒滴滤法无不在这些工序上体现出其细致入微之处。虽然为了去除杂菌和臭味，平时需要注意保持滤布的清洁，但冲泡出来的咖啡口感是一般的咖啡所不能比的。

｜咖啡工具｜

法兰绒滤布

使用自制的法兰绒滤布。

秤

从刚开店时就开始使用的秤。

棒

这是用樱花树的树枝削成的手工棒，用来铺平滤布中的咖啡粉。

黄铜咖啡壶

这是热传导良好的铜制咖啡壶。因为底部很宽，所以能有效地加热，壶嘴很细，所以香味很难逸出。

咖啡壶

选择咖啡壶时不仅要考虑到水流的细度和量，还要考虑到手柄的顺手度。

店铺信息
特洛伊巴格斯咖啡馆
（CAFE TROIS BAGUES）

地址：东京都千代田区神田神保町1-12-1富田眼镜B1F
电话：03-3294-8597
营业时间：10:00-21:00；周一至20:00；星期六、法定节假日12:00-19:00
休息：星期日

要冲出美味的咖啡，重要的是做好微调、把握好温度

特洛伊巴格斯咖啡馆自1976年开业以来，就沿用法兰绒滴滤法来冲泡旧豆。制作出来的咖啡口感醇厚、浓郁，富有魅力。"与一次性滤纸不同，滤布能够很好地阻挡豆粉的油脂和气体，并根据温度不同状态会有所变化。因此，要注意闷蒸和注入热水时的微调过程。"咖啡师三轮德子谈道。另外，通过法兰绒滤布冲泡出来的咖啡，与空气接触后口感会变得十分顺滑。冲泡时香气馥郁，不由得让人想花些时间细细地品尝这份美味。

1

泡在净水中的法兰绒滤布，在使用前从水中取出并充分挤压。推荐3杯量大的滤布，使用方便，可冲泡量大。

2

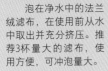

为了充分排出滤布中的水分，用毛巾包裹，从上面拍打。冬天的时候，可以把它放在烧水壶里，提高滤布本身的温度。

3

撑开滤布，放入研磨成中粗度的粉末。然后，用木铲或一次性筷子将其平铺成中心凹陷的研钵状。

4

将沸腾的热水转移到壶中调整温度。适宜温度为85～88℃，冬季测量1次，夏季则以2次为标准，也可使用温度计测温。

5

将与滤杯尺寸匹配的滤纸放入并贴合滤杯。加入咖啡粉后别忘了弄平整，每杯以20g的量为准。

6

当热水渗透所有粉末，咖啡开始从滤布的最底下滴水入杯时，停止注入热水。等一会，让咖啡好好闷蒸一会。

7

等40～50秒，咖啡液从滤布的最底下滴滤，出现在粉末上的泡沫凝固。水分消失，并呈现咕噜咕噜的状态，则表明闷蒸完毕。

8

此时再次将热水注入。不要在滤布附近注水，要注到围绕中心半径约2cm的圆内。注水时以起白色泡沫为佳。

9

倒水前建议先看好要冲泡的咖啡量。当咖啡杯中的咖啡达到想要的冲泡量后，即使滤布上仍有水没有滴滤完，也要将滤布从杯上移开。

10

如果想要的是黑咖啡，那么这样就算冲泡完成了。如要加奶，则将咖啡转移到小锅中，用火加热10秒左右。锅的周围出现小泡沫，便可将之倒入杯子里。

法式滤压冲泡法

French Press

法式滤压冲泡法也被称为咖啡压滤，源自法国，简称"法压"。
其类似红茶的萃取器，但最初就是为咖啡而设计的。
其优点是易于处理，可以充分提取豆粉中的油分和鲜味。

| 咖啡工具 |

手冲壶

这是一种专门为咖啡设计的商用细口壶，因为热水一点一点地流出，水柱很细，所以容易控制。

马克杯

印有保利斯塔咖啡店标志的马克杯，十分美观，增添食欲。

量勺

法压的重点是精确的计量。需使用可计量10g的计量勺。

法压壶

这是由厨具品牌出品的法式压滤壶，坚固耐用，易于操作。要注意，不同厂商的过滤器细度不同。

店铺信息
保利斯塔咖啡店

地址：东京都中央区银座8-9-16长崎中心大楼1楼
电话：03-3572-6160
营业时间：8:30-21:30，星期日和法定节假日11:30-20:00
休息：无

咖啡油脂带来的醇厚口感，为咖啡爱好者们所喜爱

法压冲泡出来的咖啡液面上会有薄薄的一层油脂。这层油脂浓缩了豆粉的鲜味，是只有这种冲泡法才能有的浓郁、醇厚的口感。保利斯塔咖啡店中源自哥斯达黎加、布隆迪等产地的纯咖啡豆都是用法式滤压冲泡法来制作清咖啡的。该方法操作简单，却能冲泡出良好的口感，这是法压咖啡的魅力之处。只要冲泡的时候计算好粉量和萃取时间，谁都可以制作出上好的法压咖啡。

完全咖啡知识手册（升级版）

1

用计量勺测量1杯量的粉末。最好在冲泡之前研磨好咖啡豆，并对法压壶进行预热。

2

将称好的粉末倒入法压壶内。在保利斯塔咖啡店，会把续杯的量也包含在内，所以基本会放入20g咖啡粉。

3

轻轻摇动整个法压壶，铺平粉末，以便能均匀萃取咖啡。

4

水煮开后，使热水温度降至约90℃，从稍高的位置慢慢注入水，以免粉散掉。每次都要有规定的注水量。

5

将按压部分拉至最上，盖上盖子。按压时需在平稳的桌面等环境下操作，保证法压壶不摇晃、倾斜。

6

使用厨房计时器和秒表，准确控制4分钟的时间。随着粉末和热水相混合，咖啡成分会逐渐溶解出来。

7

4分钟后，缓慢按压。如超出规定的时间，萃取出来的咖啡就得不到最好的口感，所以一定要把握好时间。

8

如果按下法压壶，可以看到被金属过滤器分离出来的咖啡粉和液体形成了干净的两层。

9

将咖啡倒入已经预热好的杯子里。为了最大限度地防止壶中的咖啡粉掺杂进去，建议不要把所有的咖啡液都倒入杯中，最好剩下最下面的部分。

10

保利斯塔咖啡店通常会为客人提供空杯子，由客人自行将咖啡倒入杯中。里面多少会有些细粉，尽量不要喝到这些细粉。

咖啡基础知识

爱乐压冲泡法

Aero Press

爱乐压冲泡是利用气压对咖啡进行萃取，简单易用，简称"爱乐压"。
如果你也拥有一个这样的专用咖啡壶，
即使没有时间和技术也没关系，只要用手一推就能品尝到美味的咖啡。

| 咖啡工具 |

马克杯

因为冲泡时需要用力按压，如果是薄薄的马克杯的话，会有破裂的危险，因此宜用耐压的马克杯，且口径太大也不合适。

手冲壶

这是装热水的手冲壶。热水的温度约为100℃，即使不一边转动一边倒也没关系。

爱乐压冲泡机

一般市场上销售的爱乐压咖啡冲泡机多数会配有滤纸等。

店铺信息
奥斯陆咖啡（OSLO COFFEE）
五反田站前店
地址：东京都品川区西五反田
1-5-2特拉亚维尔1楼
电话：03-5436-7861
营业时间：7:00-22:00；周末，
法定节假日8:00-营业结束
休息：无

无须花费时间和精力，就能萃取出豆子原本的风味

爱乐压通过气压原理，让人无须花费时间就能进行咖啡的萃取。这种冲泡法在几年前开始以北欧为中心流行起来。奥斯陆咖啡馆选取深度烘焙的醇厚咖啡豆，用爱乐压进行萃取。使用方法是在马克杯上装上爱乐压的专用器具，然后只需将研磨好的咖啡豆和热水倒入并按压即可。方法简单，谁都能用此法冲泡出一杯正宗的咖啡，这是爱乐压冲泡法极具魅力的地方。但也是因为步骤简略，原材料的优劣也会很直接地被反映出来，所以选取优良的咖啡豆，在爱乐压冲泡法中显得尤为重要。

1

将滤纸放在滤盖上。为避免过滤失误，请不要使用折叠过的滤纸。

2

将放有滤纸的滤盖牢固地盖在滤筒的底部。无需花太大力气，所以不用太使劲地按压。

3

把盖好滤盖的滤筒放在马克杯上。杯子的底部是稳定的，杯口不要太大，宜挑选结实、耐压的杯子。

4

将咖啡粉倒入滤筒内，并注入约100℃的热水。爱乐压不用像手冲咖啡那样注水时打圈、分几次注水等，操作十分方便。

5

将热水和粉末搅拌5次左右使其融合。不能胡乱搅拌，容易出杂味，柔缓地搅动即可。

6

将压杆插入滤筒中。双手垂直用力，慢慢将压杆推入，用时20～30秒。

7

可以用眼睛观察以确认粉末在气压的影响下上升。不摇晃压壶，用一定的力度按压，是使冲泡出来的咖啡没有杂味的诀窍。

8

冲出想要的量后，轻轻地从马克杯上取下爱乐压。这样就能喝到美味的咖啡了。粉渣要尽快处理掉。

简单、美味

虹吸式萃取法

Siphon

虹吸式萃取法主要利用蒸汽压原理对咖啡进行萃取，
也被称为"真空咖啡机"。
使用漏斗和烧瓶样的器具，就像做科学实验一样十分有趣。

| 咖啡工具 |

铲子

如果是竹铲，
搅拌咖啡时漏斗不
易损坏。

长款打火机

用这种长款的打火机
点火。

虹吸器具

这是咖啡虹吸株式会社的SK-
2A，推荐使用带木制把手的款式。
即使把手损坏，也可以按部件购
买替换。

沙漏

这是用于计量
萃取时间的沙漏。

酒精灯

这是市售的
酒精灯。

漏斗

放咖啡粉时，
宽口漏斗会比较
方便。

店铺信息
里尔斯咖啡店

地址：东京都丰岛区杂司谷
2-8-6
电话：03-6913-6111
营业时间：11:30-18:30；星
期六和星期日，法定节假日
11:30-18:00
休息：星期一

直截了当地表现出豆子的独特个性

虹吸式萃取法是同时使用浸渍法和渗透法的咖啡萃取
方法。将装有粉末的漏斗插入装有水的烧瓶中点燃，处于
密封状态的空气就会膨胀，被挤压的热水会通过管道进入
漏斗内。只要关火，膨胀的空气就会恢复原来的体积，
通过过滤器将咖啡和粉粒分离。里尔斯咖啡店的咖啡师
宫宗俊太谈道："虹吸式萃取法能正确地冲泡出咖啡，直
接表现出豆子的个性。因此，使用优质的烘焙豆是冲泡的
关键。"

1

使用计量勺或电子秤等，准备精确定量的咖啡粉。然后，在用火加热漏斗之前，先把粉倒入。

2

因为仅用装有热水的烧瓶加热容易发生突沸现象。所以要把上漏斗斜插在烧瓶里以避免危险。

3

点火时注意火候。当水开始沸腾时，将漏斗垂直轻轻插入。向漏斗注入热水时要慢一点。

4

当热水从烧瓶上升到漏斗时，用竹铲搅拌，促使漂浮的咖啡粉与热水接触。这个时候随便搅拌一下即可。

5

当竹铲的阻力降低时，将咖啡粉在漏斗内旋转2~3次，以便按密度分离咖啡粉，然后把它们分开。

6

为了让热水不会过分沸腾，一边注意火候一边开始萃取。如果出现气泡，就表明正在很好地进行萃取。

7

浸泡、萃取过了一定的时间后，取下酒精灯，灭火。琥珀色的液体开始缓慢地从漏斗滴入烧瓶中。

8

咖啡通过滤纸进行粉液分离，以清澈的状态滴入烧瓶中。全部滴入后，则萃取完成。

9

将上漏斗部分沿倾斜方向从烧瓶上拆下。因为会有热滴滴落，宜用备用的茶托或杯子等接住。

10

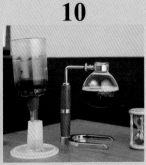

拆下漏斗，将烧瓶放在漏斗台上。在大部分采用虹吸式的咖啡厅里，都是以这样的方式为客人冲泡咖啡的。

咖啡基础知识

冷萃咖啡

Iced Coffee

冷萃咖啡，也称为冷冲咖啡，此法需要花上几个小时慢慢冲泡。
只要器具齐备，即可简单上手。
用此法冲泡出来的咖啡风味十分温和，推荐作为入门咖啡冲泡法。

| 咖啡工具 |

完全咖啡知识手册（升级版）

铲子

一般在搅拌咖啡粉的时候，用大一点的勺子就可以了，但是用小铲子不会让咖啡粉乱飞，使用起来比较方便。

分享壶

这是闷蒸咖啡粉时使用的卡利塔分享壶。如果有其他容器能适应滤杯的口径，也是可以使用的。

冰滴咖啡壶

这是特别有存在感的商用冰滴咖啡壶，还可室内观赏器具。家用尺寸也很受欢迎。

店铺信息
东向岛咖啡店

地址：东京都墨田区东向岛1-34-7
电话：03-3612-4178
营业时间：8:30-19:00；星期六和星期日，法定节假日8:30-18:00
休息：星期三，每月第二和第四个星期二；其他时间不定期休息

简简单单，就能冲泡出持久的美味

与热水相比，冷水需要花费更长时间才能溶解出咖啡的成分。因此，在东向岛咖啡店，冰咖啡基本要花几个小时慢慢冲泡。与手冲和虹吸式相比，冷萃咖啡不易氧化，能长时间保持温和的风味。推荐直接在其冰冷的状态下饮用，或者用热水煎热后享用。前一天冲泡的话，第二天就能完成，这种充满期待的等待过程十分有乐趣。最近，出现了许多适合于这种冲泡方法的混合咖啡。

1

在冰滴器具的漏斗中放入250克咖啡粉，弄平整。在下面放置下壶后注入少量的水，预浸泡约30秒。

2

当咖啡滴落到下壶里时，用小铲将全部粉末搅拌均匀。如果动作太粗暴，粉末容易散开，所以搅拌时要轻柔一些。

3

先将200毫升的水，从中央像画一个漩涡一样注入。接着，将相同量的粉末倒入漏斗内表面。

4

用双手紧紧抓住漏斗，将其装在稳定的架子上。如果漏斗倾斜，就容易萃取不均匀，所以要注意使漏斗保持水平。

5

将冰和水放入上壶中，共2.5升。为了减少杂味，建议用矿泉水或纯净水。

6

扭转调节旋塞，设定为2秒滴一滴的速度。就这样经过约13个小时的萃取，上壶空罐则表明萃取完毕。

专栏

用咖啡壶冲泡冷萃咖啡的方法

在里面的过滤器里放入80克咖啡粉，装入壶中。细磨的咖啡粉容易在萃取时混入微粉，即研磨过细的咖啡粉，容易导致咖啡带有杂味，口感更加苦涩，所以宜用中度研磨的咖啡粉。

将少量的水倒入壶中，打湿全部粉末。8杯量则要放入约1150毫升的水。

用勺子轻轻搅拌粉末后关上盖子。之后置于冰箱约8小时。萃取完后取下过滤器。

混合咖啡

混合咖啡是由几种豆子组合冲泡而成的咖啡，
每种豆子的个性复杂地交织在一起，由此产生了
清咖啡无法品尝到的新味道。

My Blend

通过混合搭配来调出自己喜欢的味道

田那边聪

皮可艺术咖啡店的店长，他追求咖啡豆的原汁原味，提供直火自家烘焙咖啡。日本精品咖啡协会前副主席。

店铺信息
皮可艺术咖啡店（Café des Arts Pico）

地址：东京都江东区牡丹3-7-5
电话：03-3641-0303
营业时间：12:00-19:00；星期六和星期日，
法定节假日12:00-18:00
休息：星期二，每月第一个和第三个星期三

混合搭配使豆子的个性发挥出来

混合咖啡的魅力在于激发出咖啡的新个性，这是清咖啡无法做到的事。

以自家烘焙驰名的皮可艺术咖啡店店长田那边聪谈道："之前，一提到混合咖啡，我想有些人会有一个负面印象，觉得混合咖啡就是让劣质咖啡豆能够好喝一些的制作方法。但是，用优质的咖啡豆进行搭配也是混合咖啡的一种，里面蕴含着深远的意义，也为我们打开了一个广阔的世界。通过搭配，不同的咖啡豆之间可以互相突出各自的个性，起到'加法'甚至是'乘法'的效果。那么要制作混合咖啡，就得先从了解咖啡豆的个性开始。"混合咖啡没有固定的配方，销售烘焙豆和咖啡豆的专卖店以及咖啡馆等都会有自己的独家配方。那么，就让我们一同窥探混合咖啡这个深奥的世界吧。

混合咖啡的4条原则

制作混合咖啡的第一步，就是要了解豆子的个性以及了解自己喜欢怎样的咖啡味道，
而这就需要把握以下4条原则。

冲泡混合咖啡的4条原则

1 了解豆子的个性

　　想要了解豆子的个性，就先从了解咖啡的甜、酸、苦、香味等开始吧。参考喝清咖啡时的口感。想想在这种味道之上，加入什么才能成为自己喜欢的味道。

2 决定想要加强的要点

　　当使用纯底豆时，可增强其中自己感觉不足的味道，例如甜味和酸味等，主要特性相同的咖啡豆之间基本上是相容的，但也可能豆子间存在个性的强弱之分。

3 挑选底豆

　　基本上选择自己喝清咖啡时喜欢的咖啡豆即可。选用个性突出的豆子为底豆，则很容易喝出其中补充的味道。以个性较弱的豆子为底豆，虽然比较容易入口，但有时会比较无趣。

4 从两种咖啡豆开始

　　搭配的豆种增加之后，就比较难品尝出其与清咖啡之间口感的差异，所以建议初学者先从两种咖啡豆开始学起。习惯了混合咖啡后，再试着增加拼配其他的种类吧。不过，一杯混合咖啡最多只能搭配3～4种咖啡豆。

来挑选底豆吧

埃塞俄比亚豆

　　此产区的咖啡豆特点是口感像浆果类水果，带有甜味和浓郁的香味，苦味弱。世界上第一个混合咖啡摩卡爪哇也有用到此豆。

曼特宁豆

　　此产区的咖啡豆主要的个性是苦味，与苦味较弱的埃塞俄比亚咖啡豆拼配后就是摩卡爪哇，它还有热带水果的独特香味。

巴西豆

　　巴西咖啡豆作为混合咖啡的基础，是最为人们所爱的拼配豆之一。虽然它的甜味、酸味、苦味之间保持着很好的平衡，但整体个性较弱。

添加元素

混合咖啡会在底豆的味道之上，拼配其他豆种，以此来补充想要的味道。
但要注意，即使是具有相同味道的豆子，根据拼配豆的不同，也会有不合适的情况。

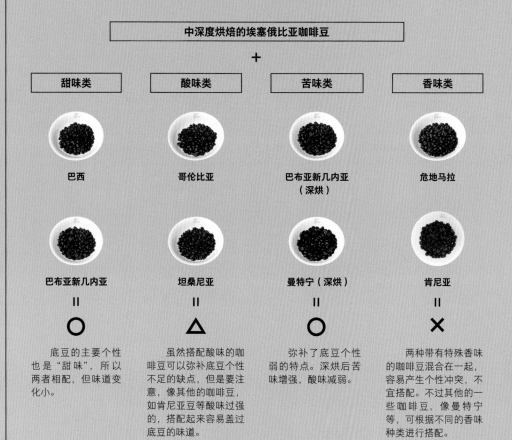

<table>
<tr><td colspan="4" style="text-align:center">中深度烘焙的埃塞俄比亚咖啡豆</td></tr>
</table>

+

甜味类	酸味类	苦味类	香味类
巴西	哥伦比亚	巴布亚新几内亚（深烘）	危地马拉
巴布亚新几内亚	坦桑尼亚	曼特宁（深烘）	肯尼亚
＝	＝	＝	＝
○	△	○	✕
底豆的主要个性也是"甜味"，所以两者相配，但味道变化小。	虽然搭配酸味的咖啡豆可以弥补底豆个性不足的缺点，但是要注意，像其他的咖啡豆，如肯尼亚豆等酸味过强的，搭配起来容易盖过底豆的味道。	弥补了底豆个性弱的特点。深烘后苦味增强，酸味减弱。	两种带有特殊香味的咖啡豆混合在一起，容易产生个性冲突，不宜搭配。不过其他的一些咖啡豆，像曼特宁等，可根据不同的香味种类进行搭配。

弥补和突出豆子个性是拼配的基本原则

根据咖啡豆的品种、产地、品牌等因素的不同，会有很多不同种类的豆子。加之烘焙度的不同，呈现出来的味道也会有所不同。而即使是同样的烘焙度，又会因为不同的人用不同的手法使用烘焙机，其味道又会发生改变。那么到底用什么样的豆子制作入门混合咖啡为好呢？对此，田那边聪先生建议道："建议先用那些像是甜味、酸味、苦味、香味等，各自的个性都比较好懂的豆子开始入手制作混合咖啡。"

常用来做混合咖啡底豆的巴西豆，其个性较弱，但是豆子的甜味、酸味、苦味得到了很好的平衡，所以很适合用来做混合咖啡。在比较容易入手的豆子里，偏甜的埃塞俄比亚豆、偏酸的坦桑尼亚豆、偏苦的曼特宁豆、偏香的肯尼亚豆等，这些豆子的个性都比较好把握。

完全咖啡知识手册（升级版）

混合咖啡的配方

下面介绍日本咖啡师田那边聪先生大力推荐的6个混合咖啡的拼配配方。
为了找到自己喜欢的混合咖啡，尝试一下下面的各类配方吧！

配方1

巴布亚
新几内亚豆
（意式烘焙）
25%

坦桑尼亚豆
（意式烘焙）
25%

哥伦比亚豆
（意式烘焙）
25%

巴西豆
（意式烘焙）
25%

↓

苦味混合咖啡

推荐制作成昂列咖啡

　　能在浓郁的醇香中感受到淡淡的甜味。"这是最适合咖啡的醇厚苦味系混合，也推荐做成冰咖啡。"

配方2

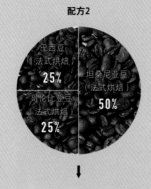

巴西豆
（法式烘焙）
25%

坦桑尼亚豆
（法式烘焙）
50%

哥伦比亚豆
（法式烘焙）
25%

↓

皮可家的深度烘焙混合

品尝深度烘焙才有的苦味

　　这是以舒适的苦味为特征的混合咖啡。"使用直火烘焙的豆子，会产生柔和的苦味和甜味，而不是一般的烟熏苦味。"

配方3

危地马拉豆
（深度烘焙）
20%

巴西豆
（城市烘焙）
40%

坦桑尼亚豆
（深度烘焙）
20%

哥伦
比亚豆
（深度烘焙）
20%

↓

皮可家的混合咖啡

发现真正的酸味美味

　　其特点是有着像浆果类水果的甜味和浓郁的香味，苦味较弱，被称为世界上第一个混合咖啡的摩卡爪哇也用到了此配方。

配方4

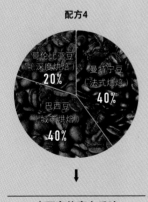

哥伦比亚豆
（深度烘焙）
20%

曼特宁豆
（法式烘焙）
40%

巴西豆
（城市烘焙）
40%

↓

皮可家的摩卡爪哇

混合咖啡中的王者

　　由埃塞俄比亚和曼特宁拼配而成的摩卡爪哇，被认为是世界上最早的混合咖啡，它"充满了异国情调，味道甜美丰富"。

配方5

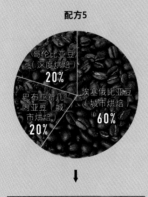

哥伦比亚豆
（深度烘焙）
20%

埃塞俄比亚豆
（城市烘焙）
60%

巴布亚新几
内亚豆（城
市烘焙）
20%

↓

皮可家的摩卡混合咖啡

浓郁的醇香

　　尽管摩卡咖啡豆有一种不可名状的辛辣味道，但用带有浓郁甜香的埃塞俄比亚摩卡咖啡豆作为底豆来制作混合咖啡，就会有水果般的甜味。"这是本店非常受欢迎的混合咖啡。"店长如是说。

配方6

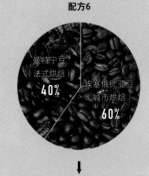

曼特宁豆
（法式烘焙）
40%

埃塞俄比亚豆
（城市烘焙）
60%

↓

皮可家的热带混合咖啡

由突出的果味变得醇厚

　　这是以苦味和热带水果般的独特香味为特征的曼特宁豆。通过拼配使其个性变得醇厚，"充满了异国情调"。

挑战制作混合咖啡吧！

只要掌握诀窍，制作混合咖啡其实出奇简单！
先从少量开始尝试吧。

本次的混合咖啡 | 口感不会过酸，并带有丰富的甜香和深烘的苦味，是传统的具有高级口感的混合咖啡。

☐ **碗和勺子**
☐ **秤**

1

选豆

　　以带有浓郁甜香的埃塞俄比亚豆为底豆，为了增添苦味，选用巴布亚新几内亚的深烘咖啡豆进行拼配。

2

称豆

　　将比例调整为全部（100%），这次要做20克。底豆占比60%，为12克。

3

掺混

　　一次性制作的量较大时，要注意避免混合不均匀的情况。

4

如需再加一味豆子，则选用哥斯达黎加的咖啡豆

　　其特点是带有酸味，加上后整体口感变得轻盈。推荐配方为埃塞俄比亚10克+巴布亚新几内亚10克+哥斯达黎加5克。

要点 | 要品尝和比较品种数不胜数的咖啡豆是件极其困难的事情。所以可以先从容易购得的，以及甜、酸、苦、香各具特色、个性明了的豆子开始进行尝试。拥有相同个性的豆子基本上比较好进行拼配，但也有例外，所以制作咖啡的时候，不要过分拘泥于刻板的规则。

混合咖啡的问答环节

一起复习一下关于混合咖啡的知识点吧。

Q1

怎样制作出终极的混合咖啡?

A 尽量尝试更多的拼配组合,这样可以提高遇到自己喜欢的味道的概率。即使是同样的豆子,只要烘焙度不同,味道就会发生变化。

Q2

制作混合咖啡时,
用什么搅拌、研磨的方法?

A 一般都是在将咖啡豆混合后进行研磨,可能会出现混合不均匀的情况,所以刚学的时候可以少量地进行混合。

Q3

用咖啡粉也能制作出混合咖啡吗?

A 如果是刚磨好的状态,即使用粉末混合,味道也不会差。但是用粉末的话,会很难调好拼配的比例,所以并不推荐这样做。

Q4

用生豆来制作混合咖啡的话
可以进行烘焙吗?

A 如果以生豆的状态拼配,会导致将多种豆子一起烘焙,这是制作咖啡的禁忌。烘焙度应根据豆子的不同进行相应的调整。

咖啡杯

No.

6

标准杯、小型咖啡杯、咖啡碗等。

咖啡杯为什么会有如此多的类型呢?

了解了其中的原因,享受咖啡的方式就会变得更多样化!

Coffee Cup

选杯讲座

因为材质、容量、厚度、设计等杯子的种类不同,咖啡的味道会有很大的变化。

要点有三

1

2

3

要点1

杯边的厚度

杯边越薄,咖啡的味道越浓

  杯边越薄,就越能感受到咖啡本身的味道,而不受器皿存在感的干扰。如用厚杯子,杯子本身会给人留下最初印象,所以也有人认为厚杯子不适合喝咖啡。这种挑选杯子的方式适合那些重视咖啡原味的人。

要点2

内侧的颜色

美丽的琥珀色映衬着白色

  视觉对味道的影响出乎意料地大。内侧有颜色的杯子不能很好地辨清萃取出来的咖啡色泽,其中微妙的浓淡差别很难分清。如果想要感受更深奥的咖啡世界观,内侧为白色的咖啡杯是必不可少的。

要点3

杯口口径

杯口宽的突出酸味,杯口窄的突出苦味

  人的舌头前端感应甜味,侧面感应酸味,深处感应苦味。用口径宽的咖啡杯品尝咖啡,则会让咖啡遍布整个口腔,因此酸味适合于此类充满个性的咖啡杯。杯口窄,会将咖啡直截了当地送向喉咙处,则能更直接地感受到咖啡的苦味。

掌握选择器皿的诀窍，让品尝咖啡的一瞬变得更值得回味

即使都称为咖啡杯，但杯子的形状、材质和容量不一，种类多样。从前喝咖啡以瓷器杯子为主流，但也没有刻板的规矩要求只能用这种杯子。基本上只需挑选自己喜欢的质感和设计即可。但是挑选的过程中还是有些诀窍的：首先是厚度，越薄的杯子，就越能让人忽略其质感，更能专心地品味送入舌内的咖啡。第二个要点是观察杯子内侧的颜色，白色的咖啡杯可以看出咖啡微妙的颜色差异，能观赏到如琥珀般通透的咖啡液。最后就是杯子的口径，越是带酸味的咖啡，越适合那些杯口宽大的咖啡杯；其他像是意式浓缩等萃取浓度高的咖啡，则宜用小型咖啡杯之类的杯口小的杯子。另外，分类使用咖啡杯也是不错的做法。

标准杯

这是一般的咖啡杯型。不仅仅是常规咖啡、昂列咖啡、卡布奇诺等，所有的咖啡都适用。容量为120~140毫升。

中小型咖啡杯

这是介于标准杯和小型咖啡杯的杯子。适合装双份浓缩咖啡。如果您有一台浓缩咖啡机，这种杯型是不错的选择。容量为80~100毫升。

小型咖啡杯

这种杯子最适合用来一点点品尝浓郁的咖啡，一般用来装浓缩咖啡。法语称为"demitasse"，其中，demi意为一半，tasse意为杯子。容量为60~80毫升。

咖啡碗

这是一种没有把手的碗形咖啡器皿，诞生于法国。法国有把面包泡在咖啡里吃的文化。在日本，使用咖啡碗的咖啡馆也越来越多，许多人都熟悉这类杯子。容量为300毫升。

马克杯

这是日本的一般家庭从很久以前就开始使用的大型杯子。它结实、使用方便，不挑饮料，和想要突出苦味的咖啡相配。容量为180~250毫升。

晨杯

晨杯比标准杯要大一圈，当想要大口喝上一杯昂列或浓度较低的美式来提神时，这种尺寸的杯子用起来会比较方便，容量为160~180毫升。

热水水温

如果要追求咖啡真正的美味，也应该讲究热水的温度。
那么什么是合适的温度区间和最合适的水壶呢？

Temperature

讲究温度，提取美味

能使豆子发挥真正价值的温度会因豆子的品种和煮法而异。
基本上，从水煮沸后将热水转移到手冲壶的过程中，热水以约94℃的水温为宜。

不锈钢制	铜制	搪瓷

这种水壶经久耐用，性价比高。使用起来也很方便，无论是初学者还是专业人士都很喜欢使用。	这种水壶热导率高，不易冷却。使用得越多，壶体表面就越能出味，也是该材质壶的特征。	这种水壶较容易入手，其外表可爱，设计多样，近年来比较受欢迎。

刚煮沸的热水不要立即使用

　　谁都知道冲泡咖啡需要用到热水。但是，你是否常常忽略热水的温度呢？热水给咖啡的口感带来的影响一点也不小。因此要避免刚煮沸后就立刻进行冲泡。如果水温太高，咖啡味会变重、变冲，容易把咖啡豆的负面口感激发出来。最适合滤杯的水温约为94℃。如果水温仅为温热的程度又不能引出咖啡豆原来的风味。所以当水开了之后，最好等沸水适当变凉一些再使用。另外，当要煮热水的时候，不要直接加热手冲壶，而应用其他的壶来煮沸热水，之后再倒入手冲壶中。这样水温就能恰当地降下来一些。并且要注意，根据水壶材质的不同，其温度的变化也会有所不同。

保存方法

咖啡豆在烘焙时开始变质。
要尽可能长时间地享受豆子的风味，
就需要知道正确保管咖啡豆的方法。

Storage

长久保存风味的方法

烘焙后的咖啡豆，容易受到空气和湿气的影响，而彻底密封是最基本的保存方式。
咖啡豆研磨后会更快地质变，此外也要注意温度。

首先要做好密封储存	咖啡豆比咖啡粉更易保存	咖啡粉要细心保存
最好放入可以密封的容器中。如果是玻璃瓶的话，气密性好，也容易知道豆子还剩多少，十分方便。	将豆子放入密闭容器中，并放置在常温的环境或冰箱里。如果是气体阻隔性高的包装材料，香味会消散得更缓慢。	咖啡粉开封后，用完要马上放入密闭容器中，并保存在冰柜里。常温下，即使密封，香味也会很快消失。

做好密封，不让咖啡豆或粉接触空气和湿气

　　咖啡豆在烘焙后需要立即注意其保存状态。这是因为，烘焙好的豆子会混合二氧化碳并释放出咖啡不可缺少的香气成分。正因为如此，烘焙后的咖啡豆应该要挑选好保存环境，尽量让其长时间地保持风味。需要铭记的是，咖啡豆的大克星是氧气和湿气。因此有效的保存方式是尽可能地将其密封保存，并放置在阴凉的地方，但即便如此，开封后随着时间的推移，大部分的香味都会消失。

　　豆子磨成粉后，变质的速度会更快。为了将损失降到最低，应将其放入密闭容器中，保存在冷冻室里是铁律。

第二部分

当代日本咖啡中的
"3贤"和11大趋势

　　从咖啡店文化开始，第三波咖啡运动、精品咖啡等咖啡文化潮流不断更替。

　　然而，时至今日，咖啡文化的发展不再是盲目追逐潮流，一场尊重个性的运动正在兴起。那么，就让我们从各个方面来看看当下多样的咖啡文化场景吧。

预测不断变化的咖啡场景

"3 贤"

林大树
TAIJU
HAYASHI

1

新兴咖啡烘焙店的
店长兼咖啡烘焙师

林大树

→ P048

井崎英典
HEDENORI
IZAKI

2

第 15 届 "世界咖啡师"
冠军得主
咖啡 "传教士"

井崎英典

→ P080

藤冈响
HIBIKI
FUJIOKA

3

茶缎咖啡店
咖啡师

藤冈响

→ P108

第一位咖啡能手

新兴咖啡烘焙店的店长兼咖啡烘焙师

1 林大树

林先生的咖啡一如其人，口感真实。不仅是附近的居民，
在世界各国都收获了众多粉丝。那么这位公认的
咖啡烘焙师所看到的咖啡场景是什么呢？

林大树

简介

从服饰专科学校毕业后，林大树虽然置身于服装业，但抱着"想从事与人们的日常生活密切相关，并能长期从事的工作"的想法，于1925年创办的老店——烘焙批发公司"山下咖啡"，开始了其咖啡烘焙师的职业生涯。他10年来一直与咖啡、豆子"打交道"。加入"奶油作物咖啡"（The Cream of the Crop Coffee）的创立工作，作为烘焙负责人活跃于业界。2013年9月在日本的清澄白河独立开店。

（左图）店里有各类咖啡爱好者，他们都是被"邻居"介绍而慕名前来的。林大树先生总是以灿烂的笑容迎接客人们。
（右图）经过反复试验才找出的萃取方法，该萃取方法需要用到"甜甜圈滤杯"，是杯口带有圆形木框和美浓烧的滤杯。

想喝点什么呢？

热潮过后的咖啡文化其实十分有趣

"某某先生，早上好！今天要喝点什么？"

"啊，今天人有点多，请进！"

新兴咖啡烘焙店位于咖啡店的聚集地——清澄白河，它是咖啡爱好者们必去的店铺之一，不分国籍、年龄，各色人群络绎不绝地聚集于此。无论是熟客、外国人士或是在下町散步时顺道探店的人……林大树都能瞬间看出出现在店里的人的个性和心灵的微妙之处，从林大树根据客人的个性打出的

第一声招呼起，客人们就开始了在这家店的咖啡体验。而林大树之后的第二句话，无论对方是谁。都会是：

"那么，想要喝点什么呢？"

在"咖啡街"的一角，这家店已开业有九年半了。那么，在林大树看来，咖啡场景有着怎样的变化呢？

"7年前，蓝瓶咖啡进军市场之前，所见的咖啡场景都还是给人挺沉稳、含蓄的感觉。我觉得这样的场景不仅是清澄白河才有的，但在蓝瓶咖啡进军日本市场那段时间前后，咖啡感觉就变得有点像是'附庸风雅'的物品了。像是什么一边喝着咖啡一边记笔记，又或是在店里面像是喝酒一样把咖啡一口闷等（笑）。这家店毕竟也只是'街角处的咖啡店'，所以并没有被主流给带跑，我很享受在店里展开的邻里交往。"

街上的拐角处之前有一家名为"角屋"的商店

店铺信息
新兴咖啡烘焙店（ARiSE COFFEE ROASTERS）

地址：东京都江东区平野1-13-8
电话：03-3643-3601
营业时间：10:00-18:00
休息：星期一

（左）朴实无华的杯子
里承载的咖啡，让人
摒弃杂念，享受时光。
（右）保存的咖啡豆，
在烘焙后放置数日。

与豆子一生
一次的邂逅

　　"我也不是不能理解想要谈论咖啡的心情。年轻的时候，我对时尚和音乐感兴趣。对于现在的年轻人来说，应该就换成了精酿啤酒、咖啡之类的了吧。而且，在过度的咖啡热潮之后，热度渐渐平静下来，并还原出了事物本来的样子也是世间常有的事。像是粉丝们突然离开了，实力派人物被重新评价等。我觉得咖啡场景就是这样的感觉。我想这家店之所以在京都开分店，也是因为现在是有这么个时机在。之前也有受到过邀请，但我觉得这和跟随趋势不一样。京都开分店一事，也是在深川的啤酒吧里，我同以前就有过交流的熟人那里了解到一些信息后才决定这么干的，可以说是邻里交往的一种延伸吧。虽然目前开了分店，但是我还在想今后要怎么做（笑）。"

　　林大树先生对第三波咖啡浪潮的见解着实令人信服。那么在这里又出现了一个疑问：那些曾经在名店排队数小时的人们现在又到了哪里呢？

　　"都在星巴克吧。星巴克果然很厉害。（我）年轻的时候，为学滑板去留学然后回国的日本朋友们，说没有钱，得从伙食费上省钱，但是他们却买了并不便宜的星巴克咖啡（笑），这是相当厉害了。也就是说，对这些人来说，星巴克是一种风格，不是饮料，是为了获得'喝星巴克的风格'，给自己的形象加分。在日本，给咖啡带来街头感和时尚感的无疑是星巴克。如果是不久前的咖啡热潮全盛期，也许会有一种难以称赞星巴克的氛围，虽然有过这么个热潮，但在热潮平息后的今天，星巴克确立了拿着咖啡上街的风格，我想这也再次确认了星巴克在咖啡文化上的伟业吧。"全面观察咖啡场景趋势变化的林大树这么谈道。

最受瞩目的
亚洲咖啡豆

热潮退后的咖啡场景

于是，我们又询问了林大树先生对咖啡发展趋势的看法。

"我不知道这算不算是一种趋势，我会比较关注亚洲，尤其是泰国咖啡文化的发展。整个世界就自不必说了，由于亚洲人自己轻视而被埋没的亚洲豆子其实也是很有趣的，这些亚洲咖啡豆蕴藏着很大的潜力。需要慢慢地被世人重新评价，现在生产商们也在这方面努力着。我觉得咖啡还会变得更有趣。"

1	2
3	4

（1）泰国和多米尼加的咖啡豆，是世界上稀有的咖啡豆，也是本店的招牌。
（2）泰国咖啡展会上的通行证。
（3）"分量稍微多一点，味道就不会不稳定，这就是甜甜圈滤杯的魅力。"林大树先生说道。
（4）亚洲各地的朋友们送来的咖啡豆。林大树先生有着很强的人脉网。

趋势

1

京都的
咖啡场景

京都咖啡场景指南

在京都，不仅有创业近100年的老店，还不断出现新店。
让我们追寻这座新旧混合的城市咖啡文化轨迹，找寻现在应该喝上的一杯咖啡。

咖啡店1 ┃ 元田中 ┃

代表京都正统的自家烘焙咖啡
绿意咖啡店（Caffé Verdi）

该店不仅在豆子的品质、烘焙、萃取上十分考究，连接待客人、环境空间上都做得十分完美。这是来京都让人首先想去的自家烘焙咖啡名店。

（左）顾客购买较多的"绿意混合咖啡（100克650日元，日元与人民币汇率请读者自行查询，余同）"。（右）店里最受欢迎的也是"绿意混合咖啡（550日元）"

能感受到历史的极致一杯

1　　　　　　　　**2**　　　　　　　　**3**　　　　　　　　**4**

京都咖啡店文化的关键是"场所社区化"

由店长续木义也创办的名店绿意咖啡店，不仅是京都人，还有来自日本全国各地的咖啡爱好者和文化名人都会光顾。店长续木义也师从在东京开有巴赫咖啡店的咖啡师田口护，学习烘焙。之后，续木义也开设了自家烘焙咖啡专营店。

（1）萃取要讲究温度和时机等一切细节。
（2）精细的烘焙能引出豆子的风味。
（3）在等待咖啡的时候，可以好好欣赏咖啡师的技术。
（4）续木义也
绿意咖啡店店长，曾在巴赫咖啡店学习咖啡豆烘焙，在京都下鸭的住宅区开设绿意咖啡店。为了传达咖啡的魅力，还积极举办咖啡讲座等。

续木先生的舌头特别灵敏，只要喝一口咖啡，就能大致知道是什么样的豆子，经过什么样的烘焙。制作咖啡时，续木先生还会亲手挑选豆子，在烘焙、温度、时间等的把控上做到精益求精，最大限度地发挥每一粒豆子的魅力，并在最恰当的时机倾注出一杯"咖啡艺术"。将20多种豆子根据各自的特点进行4个阶段的烘焙，表现出多样的风味。续木先生开店已有17个年头。当时在京都，没有一家商店像绿意咖啡店那样，能提供多种烘焙度。因此可以说，绿意咖啡店创造了行业的一个新趋势。

现存京都最古老的咖啡店是1930年续木先生的祖父创立的进进堂（位于京都艺术大学北门前）。其次是1932年开业的"智慧咖啡店"，然后是"弗朗索瓦""筑地"，最后是1945年开店的"伊野田咖啡"。"伊野田咖啡无疑是京都自家烘焙咖啡的先驱。另外，在京都有很多像是'前田咖啡''高木咖啡'等伊野田咖啡旗下的店铺，是京都咖啡文化的源流"，续木说道。

留下来的是追寻独立道路，充满个性的咖啡店

京都咖啡店的主角不是咖啡，而是人，寻求交流的人们为此前来咖啡店。但是，在20世纪80年代，咖啡吧兴起，自此，来咖啡店的客人变少了。1950年创立的"六曜社"在这一潮流中投下了一石。已故创业者奥野实先生的儿子奥野修先生在地下酒吧开了一家自家烘焙咖啡。虽然那时就有了提供自家烘焙咖啡的店，但奥野先生却改变了同样豆子的烘焙度，让客人了解到不同的烘焙度会使味道发生多大的变化。虽然六曜社的出现扩大了消费者的选择范围，并且让每个人变得都想要寻找到自己更喜欢的咖啡口感，但京都咖啡店是一个交流社区这点从未改变。

20世纪80年代接近尾声的时候，随着泡沫经济的崩溃和罗多伦咖啡在日本全国上市。既能喝上便宜的咖啡，又能打发时间的"时间消费型"咖啡店应运而生。此外，在21世纪初，包括星巴克在内的西雅图咖啡店进军日本市场，这也推动了咖啡的时尚化。此后，为了满足消费者对更优质咖啡的需求，精品咖啡的热潮也随之掀起。长冈京市的"乌尼尔精品咖啡店"是在日本关西地区最早创立的精品咖啡专卖店，同时也开创了京都咖啡热潮的先河。果味、易饮的精品咖啡，即使是在深烘咖啡文化根深蒂固的京都，也能很好地融入当地咖啡市场。此外，由于其良好的口感，也受到不太爱喝咖啡的人的喜爱，从而扩大了饮用咖啡人口的范围。"京都人不太关心以东京为中心的咖啡流行趋势，而会比较重视自己的价值观。在这种情况下，乌尼尔咖啡店就早早地参加了咖啡师锦标赛等比赛，并获得奖项。乌尼尔咖啡店将奖项与促销联系起来。从这个意义上说，作为

1 **2**

一家以东京式甚至美国式为切入点开展咖啡生意并取得成功的咖啡店，乌尼尔咖啡店打破了京都咖啡至今为止的价值观。"续木先生谈道，并且他还提到京都的咖啡店是信息交换的场所，也是各种文化和人群聚集的场地。但是目前个人运营的咖啡店正逐渐减少，海外店铺和大型资本连锁店却不断增加，他担心咖啡店会从"欧洲式咖啡馆文化"向销售商品的"美国式商业主义"转变。"席卷市场的第三波咖啡热潮也即将进入淘汰的时代，个别咖啡店的个性开始受到人们的质疑，这也是一个事实。京都人喜欢的是传统、接地气的个性，而不是流行。所以目前，这样的传统咖啡店在京都还有很多。"续木先生谈道。

充满个性的京都咖啡场景也是京都咖啡名店们的气息。

店铺信息
绿意咖啡店（京都艺术大学店）

地址：京都府京都市左约区北白川瓜生山2-116
电话：075-746-4310
营业时间：8:30-19:00；星期日、法定假日8:30-17:30
休息：星期二

（1）将优质的咖啡豆挑选出来，并把精心烘焙好的咖啡豆呈一字排开。
（2）为了提供新鲜的咖啡，要注重烘焙的时机。
（3）店内备好了各类咖啡豆的样品和说明，先闻闻香味吧。
（4）店内摆放着京都艺术大学学生的作品。

3   4

购买咖啡豆前
可进行实物确认

咖啡店2 ┃ 京阪三条 ┃

伫立在繁华的地下街道，是文豪们钟爱的名店
六曜社（地下店）

> 流淌着悠闲时光的复古空间。在不断变化的城市里，六曜社保留了开业时的氛围，
> 这是一家对咖啡店文化的发展起到了一定作用的老字号。

位于河原町三条的"六曜社"是安部公房等文豪们经常光顾的老字号咖啡店。分为一楼和地下两层，从商业街走下台阶，就看到了柜台上摆满威士忌瓶的酒吧（也是咖啡店）。该店在创业之初只在晚上营业，20世纪80年代初，店主奥野修先生在东京的名店"巴赫咖啡店""德朗布尔咖啡店""摩卡咖啡店"等地方学习烘焙，经过一段时间的培训后，六曜社咖啡店也开始在白天营业。六曜社的划时代之处在于，即使是同样的豆子，也会有不同的烘焙度，如浅烘、中烘、深烘，为顾客提供了多种选择，咖啡的味道因烘焙而发生很大的变化。另外，咖啡业界多少有些封闭，但奥野修先生的咖啡店，却成了一个回答顾客疑问、谈论咖啡的沙龙。

奥野先生说："如果能通过了解咖啡来寻找自己喜欢的味道，那是让人相当高兴的事情。"当被问及萃取过程中有什么讲究时，他诙谐地笑道："咖啡的生命是烘焙。如果是烘焙得很好的豆子，只要注入开水就行了。"70多年不变的六曜社在不断变化的繁华街道的中心，已经是京都这座城市的宝贵财富。在这么一个不论是旅行者还是常客都无差别地包容，且内涵深厚的空间里，人们真想在此仔细感受积累的时光。

（左）六曜社每次都会现磨豆子，让客人们能享用到香气馥郁、口感顺滑的咖啡（500日元）。
（上）店里的咖啡豆（500日元）也十分有人气。

店铺信息
六曜社（地下店）

地址：京都市中京区河原町
三条地下街东侧
电话：075-241-3026
营业时间：12:00-23:00
※18点以后酒吧营业
休息：星期三

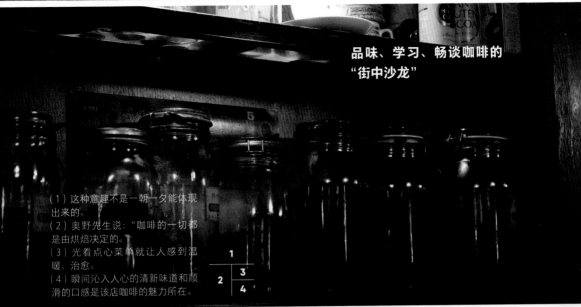

品味、学习、畅谈咖啡的
"街中沙龙"

（1）这种意趣不是一朝一夕能体现
出来的。
（2）奥野先生说："咖啡的一切都
是由烘焙决定的。"
（3）光看点心菜单就让人感到温
暖、治愈。
（4）瞬间沁入人心的清新味道和顺
滑的口感是该店咖啡的魅力所在。

1		
2	3	
	4	

想了解客人喜
欢什么口味。

| 咖啡店3 | 西日向 |

用专业、耀眼的技艺制作出最优质的精品咖啡

乌尼尔（Unir）

在京都，精品咖啡热潮的先驱者提供的是"顶级中的顶级"咖啡豆。
其风味和香气都是普通咖啡豆无法媲美的，值得品尝一次。

令人感动的咖啡风味——革命性的咖啡

　　如果说创造自家烘焙咖啡新潮流的是"六曜社"，那么"乌尼尔"可以说是京都精品咖啡的先驱。店长表示顾客在第一次喝精品咖啡的时候，会感觉这和以前自己喝的咖啡完全不同，会被其风味、酸味和回甘所感动，便有了"想让更多的人知道这种美味"的想法。于是，乌尼尔咖啡店于2006年开业。当时是对咖啡店店长夫妇的家进行改造后开业的，现在已成为一家大型店铺，主营咖啡豆烘焙、销售，同时还设有咖啡厅，在京都、大阪、名古屋、东京开设有6家店。店长山本尚先生直接从咖啡豆产地收购优质的豆子。在咖啡厅里，可以品尝到咖啡师用这些豆子制作的浓缩咖啡系列饮品和法式压滤壶冲泡出来的咖啡。另外，该店还使用到日本为数不多的大型智能烘焙机，每天烘焙的豆量为6家店的总量，约200千克。智能烘焙机是美国制造的最先进的第二代咖啡豆烘焙机，为完全热风式加热，所以能最大限度地发挥精品咖啡所具有的清爽酸味以及清透、顺滑的甜味。山本尚先生担任哥斯达黎加卓越杯（COE）精品咖啡豆竞赛的国际评委，夫人知子曾是日本咖啡师大赛（JBC）的冠军得主。店内的工作人员有很多是晋级半决赛的优秀选手，专业的技能配上顶级的豆子，这大概就是乌尼尔的魅力所在吧。这里出售的所有豆子均可品尝，在店内，可以一边咨询咖啡师一边挑选自己喜欢的咖啡豆。

（左）曾在竞赛中获奖的咖啡师泡制的"卡布奇诺（520日元）"味道别具一格。（右）肯尼亚的"基昂洋基（Kianyangi）（100克950日元）"等，也可以购买在家中享用。

店铺信息

精品咖啡 乌尼尔总店

地址：京都府长冈京市今里4-11-1
电话：075-956-0117
营业时间：咖啡馆10:00-18:00；午餐11:30-14:30，售罄即止；咖啡豆销售和甜品外带10:00-19:00
休息：星期三、每月第三个星期二

（1）店内除了豆子以外还备齐了咖啡相关的商品。
（2）搭配咖啡的甜品。
（3）本店的烘焙师每天都会烘焙所有门店所需的豆子。

咖啡的风味和香气"打破不同维度般"地令人感动

1

2

3

（4）店里出售的所有豆子都可试饮。告诉咖啡师自己的喜好，咖啡师便会给你推荐适合的咖啡。
（5）用最先进的烘焙机追求精品咖啡的高品质味道。
（6）竞赛获奖咖啡师泡的咖啡别具一格。

4

5

6

咖啡店4 | 丸太町 |

仅1平方米的咖啡台融入到了日常生活中

豆箱（MAMEBACO）

街角的小窗点缀着喜欢咖啡的日常

作为自家烘焙所"旅行之音"的第2家店，"豆箱（MAMEBACO）"的店名中包含着"像以前每条街上都有香烟店一样，将咖啡融入街道和日常生活中"的想法。为了使种植园能够稳定地栽培品质优良的豆子，这家2号店同"旅行之音"一样，以"直接、公平的贸易"为信条进行咖啡豆的交易。店长还会到当地采购豆子、开展农园教育等。店里除了手冲咖啡，还有总店没有的浓缩咖啡可选。其出品的豆子均品质优良，可做精品咖啡，使用卓越杯（COE）上获奖的豆子泡制的豪华拿铁是本店的必点饮品。悠闲漫步至豆箱，和咖啡师进行愉快的交谈，品尝美味的咖啡，将不甚惬意。

位于十字路口处的1平方米柜台

（1）超高人气的"杏仁咖啡（650日元）"是在浓缩咖啡和牛奶中加入杏仁。
（2）包装以香烟盒为主题。
（3）像香烟店一样的氛围让人放松不已。
（4）每一杯手冲咖啡，都由咖啡师精心为客人冲泡。

店铺信息
豆箱
地址：京都府京都市上京区春日町435号青木大厦1楼
电话：075-703-0770（直通烘焙所）
营业时间：9:30-18:00
休息：无

咖啡店5 ┃ 神宫丸太 ┃

富有逻辑地追求咖啡的美味

风格咖啡（STYLE COFFEE）

> 以精密为武器的浅烘传教士

在深烘文化的京都掀起新浪潮的新面孔

近几年来，浅烘的趋势逐渐渗透到深烘文化根深蒂固的京都。在澳大利亚墨尔本和京都的专卖店积累了丰富经验的店长黑须工先生所制作的浅烘手冲咖啡，带有纯净的果味。菜单上记载着"杏""柠檬草"等品尝笔记，有助于客人们挑选适合自己的咖啡豆。当然，煮咖啡的时候，萃取也相当考究，实现精确测量就自不必说了，定时、测温等朝着目标口味周密地搭配冲泡，忠实地进行萃取，这般模样像极了做实验。此外，黑须工先生还追求咖啡与食物的搭配，希望通过食物与咖啡的组合来引出彼此的风味和鲜味，其热衷于研究的姿态着实令人佩服。

店铺信息
风格咖啡店

地址：京都府京都市上京区枡屋町360-1对叶御所东1楼
电话：075-254-8090
营业时间：8:00-18:00；星期六和星期日9:00-17:00
休息：星期二

（1）很多常客都为能遇到哥伦比亚产的"莱纳德·卡马约（Leonard Camayo）（1300日元）"等稀有豆子而感到高兴。
（2）从常备的5~6种豆子中选择自己喜欢的豆子。
（3）萃取时间也体现了咖啡师本人研究的成果。
（4）菜单上有手冲、浓缩咖啡、拿铁3种。

咖啡店6 ｜京都｜

复古空间与深烘咖啡

烘焙之女/画廊之子

（ Roastery Daughter / Gallery Son ）

醇厚的味道与
悠缓的时光

浓郁的味道深入体内，让人不自觉地呼出一口气

2018年，日本北大路的人气咖啡店"太太与丈夫（WIFE&HUSBAND）"的店长吉田恭一和妻子在京都站附近开了一家烘焙咖啡豆专卖店（即为烘焙之女/画廊之子）。由50年以上的大楼改建而成的

复古空间里弥漫着咖啡的香味，让人着迷其中。一楼是烘焙和销售豆子的场所，二楼摆放有吉田先生挑选的独特的旧咖啡器具。两种拼配和5个国家产地的豆子经常并排而列，散发着醇厚的味道和持久的甜味。

店铺信息
烘焙之女/画廊之子
地址：京都府京都市下京区镰屋町22号
电话：075-203-2767
营业时间：12:00-18:30
休息：不定期休息

| 1 | 2 |
| | 3 |

（1）吉田先生的咖啡都尽可能"简单且融入生活"，烘焙和萃取都有着自己的风格。
（2）该店在烘焙豆子时，对加热方式十分讲究，有着即使咖啡冷却下来，也能持续美味的制作配方。
（3）在咖啡店里，可以品尝到"女儿咖啡（594日元）"等用吉田先生烘焙的咖啡豆制成的咖啡。

咖啡店7 | **二条城前** |

营养师兼咖啡师的店长提出的新方案

埃尔特烘焙咖啡店

（Alt. Coffee Roasters）

将果味咖啡倒入玻璃酒杯里

在澳大利亚墨尔本学习咖啡的中村千寻先生的浅烘咖啡专营店，出于"希望通过咖啡将笑容与笑容联系起来"的想法，提倡通过公平贸易来提高生产者的生活水平，以实现可持续发展，促进残疾人就业。为了展现咖啡的酸甜果味，及其产品与传统咖啡的不同，店铺用葡萄酒杯为客人提供咖啡的方式成为了业内热门话题。

因热爱咖啡
而笑容洋溢

1 | 2
____ 3

（1）店主中村先生精心布置的空间让人感到十分舒适。
（2）根据当天的气温和湿度调整萃取方法。
（3）用葡萄酒杯装的"手冲咖啡（500日元）"。

店铺信息
埃尔特烘焙咖啡店
地址：京都府京都市中京区新泉苑町28-4号
电话：专用
营业时间：10:00-17:00
休息：不定期休息

进军京都市场
东京的热门店铺也开始进军京都市场

那个风格来到了京都!

| 清澄白河→乌丸御池 | 咖啡店8 |

浅烘亚洲豆的传道士
新兴咖啡分店
（ARiSE COFFEE ALTERNATIVE）

在东京研磨出来的文化，华丽地传入京都

东京清澄白河的"新兴咖啡"于2019年8月在京都开设了分店。当被问到开业后的感受时，店长客气地回答道："开业才半年左右，感觉还在熟悉客人的阶段。"尽管店内以稀有的亚洲豆子为招牌，但并没有单纯地模仿东京总店。"因为这家店同时还设有酒店，所以店里的咖啡会追求与早餐相搭的味道。而且，这种混合咖啡也受到了附近客人们的好评，所以这类混合咖啡可作为一个'入口'，让客人们能渐渐过渡到尝试品味带有浓香果味的中烘单品咖啡。"店长说。东京培育的咖啡文化，在另一个城市里，开始慢慢地、温柔地渗透开来。

1	
2	3

（1）在京都也能品尝到东京烘焙的"新兴咖啡豆"，并成为了话题。
（2）罐内的泰国等亚洲国家和多米尼加的咖啡豆在迎接着来店的顾客。
（3）客人们惊喜地发现分店的萃取方法和总店一样，都用到甜甜圈滤杯。

（左）注重在家就能够还原店里咖啡味道的自家烘焙豆（890日元）。
（右）一杯490日元的低价位，是出于考虑到客人们"希望每天都能喝到"的心情。

店铺信息
新兴咖啡分店（ARiSE COFFEE ALTERNATIVE）
地址：京都府京都市中京区东堀川通丸太町地下街七町目4第一客舱京都二条城1楼
电话：075-741-6668
营业时间：7:00-18:00
休息：不定期休息

京都的咖啡场景之所以引人注目，其中一个原因是一些在东京颇具实力的咖啡店进驻京都。下面介绍两家在京都不同地方进驻的咖啡店。

咖啡店9 | 吉祥寺→出町柳 |

少酸味甜的浅烘咖啡

亮点咖啡
（LIGHT UP COFFEE）

店铺以京都为中心，其为了在发展上取得更大的飞跃

吉祥寺旁的人气咖啡店在京都开分店了！

　　吉祥寺的浅烘精品咖啡专营店"亮点咖啡"之所以选择在京都开第二家分店，是因为这里有众多外国游客，且京都还是日本文化的发源地，"讲究素材的文化根深蒂固"。该店坚持制作原创单品咖啡，以"享受咖啡原材风味"为理念，很快就被京都消费者接纳。在浅烘带酸味的咖啡不断增多的情况下，店内咖啡味甜、醇厚。每种咖啡还会配上品尝笔记，让客人能够在感受朦胧风味的同时，还能真实地品味出其口感。此外，亮点咖啡还积极参与亚洲农园共同栽培咖啡豆等社会活动。

1	
2	**3**

（1）外窄内宽的布局颇有一股京都味。
（2）咖啡用滴滤式或爱乐压式冲泡法来冲泡。
（3）豆子均由本店咖啡师烘焙。

店铺信息
亮点咖啡（LIGHT UP COFFEE）

地址：京都府京都市上京区青龙町252号
电话：075-744-6195
营业时间：9:00-18:00
休息：无

（左）"卡里亚尼（150克1300日元）"等豆子的人气也相当高。
（右）可以自选豆子的"滴滤咖啡（500日元）"是店里的必点咖啡。

2
星巴克咖啡

咖啡界的巨人们正关注着什么？

连锁咖啡店"星巴克"可谓是家喻户晓的知名品牌。
成功渗透到人们的日常生活之中，那么星巴克到底成就了什么？
今后又会往什么方向发展？趁现在，就让我们来深入揭秘其真实意图吧。

在"东京星巴克臻选咖啡烘焙工坊",巨大的烘焙机迎接着客人。

星巴克走过的四分之一个世纪

　　带着印有咖啡店标志的咖啡杯出勤的商务人士，一边隔着玻璃墙观察行人，一边单手拿着浓缩咖啡琢磨创意的年轻工作者，很多人把"星巴克"作为将上述这样并不稀奇的场景渗透到日本的大功臣。1996年，这个在美国华盛顿州西雅图的派克市场上诞生的咖啡品牌进入日本市场。其中，出现在东京银座的星巴克（银座松屋大街分店），是在日本店铺数超过1000家的星巴克进军北美市场外的一个具有划时代意义的店铺。之后，星巴克以令人瞠目结舌的速度迅速发展起来。1998年星巴克进军日本的关西市场，那时，全日本有52家星巴克，然而到了2019年12月，店铺数居然超过了1500家。2015年以"没有星巴克的日本县"而"闻名"的鸟取县也有了第一家星巴克店。自此，星巴克名副其实地成为"星罗棋布"于日本的咖啡店。现如今，星巴克已成为日本的一道自然光景，那些喝着星巴克自觉自命不凡的现象也便消失不见了。

星巴克压倒性的开店数量的增长让人目不暇接，而这几年，除了咖啡外，星巴克也有着别的动向。像是在店内销售价格超过3万日元的日本原创工艺江户切子，在小江户川越开设一家瓦屋风咖啡店等。其中动作最大的要数2019年2月"东京星巴克臻选咖啡烘焙工坊"的开业了，该工坊开业以来，人气十分火爆，这是一家用咖啡店这个词所无法形容的、充满娱乐性的空间。烘焙工坊连外国游客也会蜂拥而至，犹如一家著名的主题公园。这样的场面是"大资本所做的余兴"吗？现代日本咖啡界的领导者们是怎么想的呢？为了更加了解其中的真实意图，在东京星巴克臻选咖啡烘焙工坊，我们访问了咖啡专家江嵜让二先生。

江嵜让二

　　日本星巴克的"活字典"，员工号为41号的星巴克资深咖啡专家。在日本的第3家星巴克分店——八重洲地下街店工作。他是日本目前仅有的6名认证咖啡专家之一，现致力于教育后辈和开发新业态。

　　左侧图为以"烘焙工作坊"的形式开设的世界上第5家分店——东京星巴克臻选咖啡烘焙工坊。外观建筑由日本著名建筑大师隈研吾所设计，灵感源于目黑川沿岸的樱花树。

"现在，西雅图风格的意式咖啡吧深受人们的喜爱，但当时的顾客会想'这西雅图风格的咖啡吧到底是什么玩意儿？'，那时这事还挺轰动的（笑）。星巴克之所以在日本推出咖啡吧，其实是为了'让人们了解浓缩咖啡饮品'，让不熟悉浓缩咖啡和加奶拿铁等咖啡饮品的人去了解咖啡，我想这就花了有5年的时间。在某个'背后目标'明显成型后，我开始感受到咖啡文化逐渐渗透开来，而这个'背后目标'就是'让街上满是星巴克的标志'。在推广浓缩咖啡饮品的同时，星巴克推出的'TO GO'运动，也就是咖啡外带提案也开始被大众所接受，街上出现了拿着印有星巴克标志杯子的人们。我欣喜地感受到，星巴克融入了人们的日常生活当中。"江嵜让二说道。

拿着星巴克的杯子在街上漫步已成为一种流行趋势。但是，这种趋势并不是一朝一夕产生的，而是引进的新文化不断启发的结果。

由星巴克东京咖啡烘焙工坊的烘焙师烘焙的"东京烘焙豆"。

一杯咖啡，
带来不一般的
心情

东京烘焙豆

不仅仅是豆子，也可以选择萃取方法，并能享受冲泡的感觉也是咖啡的魅力所在。

店铺信息
东京星巴克臻选咖啡烘焙工坊

地址：东京都目黑区青叶台2-19-23
电话：03-6417-0202
营业时间：7:00-23:00
休息：不定期休息

正因称霸日本全国，才更不会停下前进的脚步

"我们孕育的不仅仅是商品，还有与客人的交流。'帮助客人们获得幸福的一天'是我们的职责，与星巴克合作的伙伴们，也在各自的表现中发挥着作用。我认为这正是星巴克的强项。东京星巴克臻选咖啡烘焙工坊就是其中的典型之一。现在咖啡渗透到人们的日常生活中，为客人提供稀有的咖啡豆已不再是难事，这里是可以用五感来全面、彻底感受咖啡魅力的地方，即所谓的'仙境'。如果说开遍日本全国的星巴克成为日本的一道日常风景的话，那么在东京星巴克臻选咖啡烘焙工坊能感受到非一般的生活。"江崎说道。今后作为咖啡界巨头的星巴克还会迎接怎样的挑战，实在让人期待。

在东京星巴克臻选咖啡烘焙工坊，除了可以挑选咖啡豆外，客人们还能选择萃取方法，观赏咖啡冲泡的过程，可谓是咖啡烘焙工作坊的魅力所在。

星巴克的新项目
通过项目了解星巴克的"现在时"

项目

1

5　6　7　8

星巴克臻选店

2019年9月开业的星巴克臻选店位于银座七叶树大街（东京都中央区银座3-7-3银座欧米大厦1F），是为了充分享受世界上稀有且富有个性的"星巴克臻选咖啡豆"而诞生的新业态。店内除了可以选择默德堡手冲咖啡机、三叶草咖啡机、黑鹰咖啡机等多种萃取方法外，还备有茶饮，而且还因能品尝到"焙意之（第73页）"的食物、甜点而成为了热门话题。

（1）正门。
（2）和（3）让人安静、放松的店内氛围。
（4）即使在臻选店，也可以选择自己喜欢的萃取方法。

2
1　3
4

（5）日晒巴西塞尔唐庄园咖啡豆（2808日元）。
（6）玻利维亚布埃纳维斯塔咖啡豆（6480日元）。
（7）苏拉威西省托拉贾萨潘村庄咖啡豆（3672日元）。
（8）哥伦比亚咖啡穆赫雷斯（288日元）。
※以上为250克的价格，商品价格因时而异。

项目

2

1　　　　2　　　　3

本土制造系列

重视交流的星巴克，将想法具体化而成为话题的项目——本土制造系列（JIMOTO Made Series），以"要珍惜当地文化、当地产业、当地人"为理念，通过项目与日本当地的工匠合作，将制造出来的产品放置在当地店铺里销售。

（1）墨田区限定款，由制作日本特产手工艺江户切子的工匠制作的冰玻璃，闪耀着传统技艺的光芒（37800日元）。
（2）可以充分享受咖啡香味的小石原烧马克杯（5184日元）。
（3）越洗越能适应皮肤，适用于多种场合的毛毯（5832日元）。

星巴克咖啡

星巴克今天的成就，不仅仅是靠东京星巴克臻选咖啡烘焙工坊。
让我们从四个星巴克的项目中，感受它的哲学。

项目 3

焙意之

霍华德·舒尔茨亲邀米兰面包店"焙意之"与星巴克开展合作。店内严选食材，面包师们手工制作的面包、牛角包、比萨、沙拉、甜点，赋予了星巴克新的经营方式。在东京星巴克臻选咖啡烘焙工坊、代官山焙意之T-SITE店、银座七叶树臻选店等地可享受这些美味。

（上）与普通店员制作的面包不同，店里有专门的面包师精心烤制面包。
（下）可以感受到意大利饮食文化的沙拉、千层面等饮食，也是焙意之的人气菜品。

项目 4

地域性地标商店

通过咖啡加强与当地消费者的羁绊，创造一个重新发现当地文化和历史的契机，基于上述想法，星巴克设立了代表性地标商店，现有25家店铺。这些店铺融于街道之中，继续守护着当地的个性，也因作为地标性建筑而备受瞩目，成为了当地人们新的休息地，也是一个能让人感受到当地文化的场所。

（1）"道后温泉车站房店"是由具有明治时期西洋建筑风格的伊约铁路道后温泉车站房改造而成的。
（2）拥有上百年历史的日本房屋改造的"京都二宁坂八坂茶馆店"。
（3）位于埼玉·川越"时间之钟"附近的"川越敲钟路店"。

咖啡的可能性潜藏于泰国

第三波咖啡浪潮也来到了泰国。在泰国国内，高品质精品咖啡的生产者和
技术娴熟的咖啡师越来越多，泰国咖啡界可谓百家争鸣，百花齐放。

1　　　　　　　　　　2　　　　　　　　　　3　　　　　　　　　　4

（1）曼谷的拉利亚特咖啡店。
（2）2017年泰国咖啡节上，为参加者们保存的咖啡。
（3）在亚斯咖啡店前实地体验泰国的产豆过程。清莱府产的咖啡豆经过洗涤、蜜处理、自然风干等步骤进
行干燥处理。
（4）在曼谷与名为"源"的咖啡店工作人员的合影。

**新兴咖啡烘焙店（ARiSE COFFEE
ROASTERS）
店长兼烘焙师林大树**

咖啡现在在泰
国特别火！

陶醉于泰国咖啡的潜力之中

在新兴咖啡烘焙店，有来自越南、缅甸、老挝、印度等的亚洲产咖啡，而现在，林大树先生比较关注的则是泰国产的咖啡。像是店内播放的泰国传统音乐、以泰国普密蓬国王为主题的相关工艺品等装饰在店内各处，无不体现林大树先生对泰国的偏爱之情。

"与泰国咖啡的相遇，大概要从4年前开始说起。之前我没怎么关注亚洲的咖啡，但是在熟人的介绍下，我与泰国开始从事咖啡教育、开办'咖啡豆（Coffeas）'咖啡教育机构的老板尼撒肯女士互相认识了。她带了生豆过来，然后试着烘焙这些豆子后，泰国咖啡豆的香味就立刻出来了，当时的我感到惊喜。那之后我有幸被邀请到泰国做咖啡烘焙课的讲师，由此与泰国咖啡结缘。"林大树说道。

说起主流的泰国咖啡，一般是在罗布斯塔种的深烘咖啡豆上加入满满的糖浆后制成的甜味咖啡。但是，在泰国北部，约50年前开始就已栽培阿拉比卡种的咖啡豆。泰国北部是泰国咖啡的产地，此地现在居住着许多山岳民族。过去有这么一段历史，山岳民族的人们，曾以种植罂粟，在黑色交易市场上挣取少量的钱财来谋生。了解到当地实情后，普密蓬国王感到十分痛心，于是将开发此地作为皇室项目，着手于让泰国北部种植咖啡以谋发展的项目工作：为了解决该地族人的贫困问题以及因开垦农田造成森林破坏的环境问题，国王选择用咖啡来替代罂粟作为当地谋生的作物。泰国北部的咖啡种植技术、咖啡豆的精选技术每年都在不断地提高。高品质的咖啡在市面上出现，给全球咖啡业带来了深刻的影响。

与咖啡结缘的林大树先生，多次到访泰国，并在泰国开设了快闪店，为泰国的咖啡场景牵头助力。

"与中、南美的咖啡产地相比，泰国的产地海拔并没有那么高，虽说这是泰国咖啡的弱势，但为此泰国咖啡会在选豆和烘焙技术上更为考究，以此来提升咖啡的风味。然而，其中有不少泰国人对中、南美的咖啡有着崇拜之情，仍有许多人认为：'我已经喝够了泰国的咖啡了，让我喝点别的咖啡吧'。而当我用烘焙好的泰国咖啡豆冲泡出咖啡给他们饮用时，他们又会吃惊地说：'泰国的咖啡豆冲泡后原来那么富有果味！'。在世界上的咖啡场景中，泰国咖啡是后来居上的，但我认为其还有继续往上发展的空间，可作为一个品牌产地进而崛起。"林大树谈道。

这不由得让人觉得，不久后日本的咖啡场景中可能会吹来亚洲的咖啡风潮，而这其中的关键就在于泰国咖啡。

合照中也有泰国的
咖啡师！

热门咖啡店
值得"打卡"的5家泰国人气咖啡店

| 曼谷 | **咖啡店1**

只凭泰国咖啡来决胜负！
源咖啡店（Roots）

> 吸人眼球的拿铁拉花艺术！

源咖啡店实现了"杯中咖啡源自农家（Farm to Cup）"的咖啡制作理念，店内只经营泰国生产的咖啡豆。店长还会驱车前往泰国北部，与种植高品质咖啡的生产者联系、交流，采购精心挑选的农家咖啡，这是一家替生产者传递咖啡制作理念的咖啡店。为了传达咖啡的各种魅力，店内特别在四个角落设置了咖啡吧台，分别为用机器冲泡的浓缩咖啡吧台，手冲咖啡吧台，冷萃的冰滴咖啡吧台，可让客人们体验当咖啡师的易泡吧台等，由此最大限度地发挥泰国咖啡的潜力，可谓是传达泰国咖啡魅力的先驱咖啡店。

1
2	3
	4

（1）技术熟练的咖啡师绘出的拿铁拉花，是泰国的顶级水准。

（2）橘子奎宁冰滴咖啡和浮乐朵咖啡等咖啡鸡尾酒也很受欢迎。

（3）店内到处都有让客人享用咖啡的地方。

（4）塔姆先生是位活跃于各大咖啡比赛的咖啡师。

店铺信息
源咖啡店

地址：曼谷新瓦塔纳朗顿市M.1单元
电话：082-091-6175
营业时间：8:00-19:30
休息：无

在泰国，实力派咖啡店陆续登场。本书严选出可品尝到泰国产的咖啡的几家咖啡店，
是到泰国必去的5家咖啡店！

咖啡店2 | 曼谷 |

牵引着泰国咖啡场景发展的咖啡店
蓝咖（Bluekoff）

掀起第三波咖啡浪潮的主角

　　引领泰国第三波咖啡浪潮的"蓝咖（Bluekoff）"在泰国国内已有3000多家店铺。虽经营有国内外的咖啡豆，但该店在泰国北部的多伊查恩，也有自己的咖啡种植园，从生产到烘焙再到销售一手包办。该咖啡店老板表示："我们从2000年开始在泰国做咖啡生意，当时泰国咖啡的市场非常小。2004年左右咖啡热潮开始后，泰国咖啡的味道才有了很大的飞跃。"目前，该店向亚洲各国出口咖啡豆，也向日本新兴咖啡烘焙店批发咖啡豆，有机会到日本的朋友们，请一定不要错过！

果味的
咖啡！

店铺信息
蓝咖（Bluekoff）

地址：曼谷乍都乍周末市
场拉普绕巷71号（拉普绕）
电话：081-979-9565
营业时间：8:30-17:00
休息：星期日

	1	
2		3
4		5

（1）包裹咸蛋奶油的牛角包，是只有在泰国才能吃到的味道。
（2）混合苹果汽水的鸡尾酒咖啡。
（3）咖啡店老板瓦姆斯先生。
（4）店内摆放着最新的机器。
（5）同时售卖咖啡相关商品的门店。

咖啡店3 ┃曼谷┃

由泰国第一咖啡师创办

鸭优咖啡店（Duck You Caferista）

餐后品用的奢侈风味

拿铁艺术冠军冲泡的特别一杯

在开始创业的30年前，因为咖啡店开在位于甘烹碧府的一家卖鸭肉盖饭的摊位后面，因此店铺取名为"鸭优咖啡店（Duck You Caferista）"。斯帕查伊是经营该摊位和咖啡馆的老板，至今为止获得了多个拿铁艺术大赛和咖啡师竞赛的奖项，并在"2018泰国国家拿铁艺术大赛"上赢得冠军。他还代表泰国参加了世界大赛，具有很强的实力。该店过去经营南美的咖啡豆，但近年来，因泰国的咖啡豆水平显著提高，所以该店也开始采购泰国的咖啡豆。店长斯帕查伊会亲自到泰国北部的多伊查恩农园进行采购，在店内提供高品质的精选泰国咖啡豆。

	1	
	2	
3	4	

（1）询问完客人的口味喜好后，咖啡师当场进行咖啡豆的拼配。
（2）咖啡店老板斯帕查伊。
（3）店内摆放着斯帕查伊在竞赛中获得的奖杯。
（4）在拿铁艺术比赛中，斯帕查伊以一幅丘比特图获胜。

店铺信息
鸭优咖啡店（Duck You Caferista）
地址：泰国曼谷邦卡皮华马克78号蓝康恒巷324/1
电话：090-972-2596
营业时间：7:30-14:00
休息：无

口感充实的手工咖啡！

咖啡店4 ｜清迈｜

与村民共同成长

阿卡之母咖啡店

（Akha Ama Coffee）

```
    1
  2 | 3
```

（1）从浅烘到深烘的豆子，可根据喜好随意挑选。
（2）在清迈县有2家店铺。
（3）农家烘焙的原创单品咖啡为该店的招牌。

实现公平贸易

　　"阿卡之母咖啡店（Akha Ama Coffee）"被誉为"清迈最好吃、好喝的咖啡店"。身为阿卡族人的店长为了帮助自己从小生长的梅让塔伊村解决农村问题，在原来种植桃子、李子的区域推广种植有机咖啡豆。咖啡豆通过公平贸易的方式进行交易，由此实现咖啡店与故乡的共同成长，是一家备受瞩目的咖啡店。

店铺信息
阿卡之母咖啡店（Akha Ama Coffee）

地址：泰国清迈大象巷3号胡萨德海斯微大街9/1玛塔公寓
电话：08-6915-8600
营业时间：8:00-18:00
休息：每月第二个星期二

咖啡店5 ｜清莱｜

让泰国咖啡闻名世界

豆一昌咖啡店

（Doi Chaang Coffee）

品味轻盈的酸味！

```
    1
  2 | 3
```

（1）高品质的咖啡已成为村民们的骄傲。
（2）获得有机认证。
（3）总店位于泰国清莱县，但泰国各地都有分店。

泰国的代表性咖啡品牌

　　豆一昌咖啡店在曼谷各地都有店铺，其咖啡豆主要由阿卡族、傈僳族、中国云南人所居住的泰国豆一昌村生产。虽然该村从1969年就开始种植咖啡豆，但是直到打入欧美市场，咖啡豆大受好评后，才以再进口的形式正式在泰国确立自己的咖啡地位。现在，豆一昌店已成为世界顶级水平的咖啡品牌之一。

店铺信息
豆一昌咖啡店（Doi Chaang Coffee）

地址：泰国清莱市湄苏艾区瓦威街区787
电话：0-5391-8081
营业时间：7:00-18:00
休息：无

2

第 15 届 "世界咖啡师" 冠军得主
咖啡 "传教士"

井崎英典

作为日本首位世界咖啡师冠军，
井崎英典引领着世界咖啡场景的发展。
那么，其敏锐的目光所看到的咖啡未来又是怎样的呢？

井崎英典

井崎英典

1990年出生。高中退学后，一边在父亲经营的咖啡店帮忙，一边学习成为一名咖啡师。大学进修期间，曾去丸山咖啡学习。2012年成为历史上最年轻的日本咖啡师冠军赛冠军，并实现两连冠，也是2014世界咖啡师冠军赛的冠军得主。目前是咖瓦股份有限公司的董事长、顾问和一名咖啡"传教士"。

（左）井崎英典谈道："虽然科技在进步，但不断追求超高技巧是日本素来就有的传统精神，这是日本人绝对不能忘记的美德。"
（右）井崎英典爱用的"日本咖啡器具品牌折纸滤杯"，美浓烧陶瓷器材质热导率高，且滤杯呈圆锥形，使得滤杯可以在更高的温度下进行咖啡萃取。

080

02

技巧的不断进化使得咖啡常识也在不断激变

咖啡在日益进化着

　　井崎英典在2014年获得世界咖啡师冠军赛的冠军，创下首位亚洲人得冠的历史纪录，他是一位闪耀着光芒的天才咖啡师。目前，井崎英典也从事着顾问相关的工作。对于咖啡的未来，我们询问了他的看法。

　　"我进入商界，是因为考虑到，只要大多数人一直觉得咖啡不会有变化，那么像我们这样深爱咖啡的咖啡师们就永远付出而得不到回报。一天内一位咖啡师最多也就能冲泡出500人份的咖啡。相比于此，当顾问就能面对大企业和更多的消费者，或许能由此实现我的愿景。而实际上，我对精品咖啡的研究取得的技术成果是在2017年才投入市场，是从日本的麦当劳咖啡开始实现运用的。将最先进的萃取技术和想法落实到大规模的连锁操作中，在日本史上尚属首次。虽然最近街上有越来越多的咖啡店和咖啡站，但是却未能实质性地拓宽市场。而唯一有扩大的则是在便利店领域，因为有不少企业旨在通过咖啡来提升自家便利店的营业额，然后将眼光投放到全球。"

　　井崎英典以全球企业为对象，为其担当咖啡顾问一职。当他在解读世界上的咖啡场景时，认为当今世界最受瞩目的是"咖啡技术"。将咖啡与技术相结合的领域正掀起一股热潮。

咖啡大师爱用的珍品！

咖啡器具
1

咖啡器具
2

咖啡器具
3

在传统的手工工艺之后，现在的日本咖啡场景并无创意

"中国的'瑞幸咖啡'是世界上首个实现无现金化的大型咖啡连锁店。店内不使用现金，引进了点餐应用系统和全自动咖啡机。2021年，该品牌在中国国内已有近6024家店铺。咖啡器具也开始跟随潮流，追求咖啡科技，如家用全自动咖啡机等咖啡器具的改进，如今一些咖啡制造商引进物联网技术，将电子秤、咖啡器具和应用程序实现联动，不仅使操作变得更为方便，也提高了机器再现专业咖啡师技术的水平，这种还原十分重要。就好比拔掉红酒的木塞，直接将酒倒入酒杯里就能传达酿酒者想要给品酒人的那份美味。但是像是瑰夏那种价值好几万日元的咖啡豆，要在家中冲泡得十分美味是一件极其有难度的事情。把控好饮用的体验十分困难，而根据这种咖啡的特性，用精品咖啡制成的即饮产品（Ready to Drink，简称 RTD）便开始逐渐流行起来。美国的斯顿普敦咖啡、蓝瓶咖啡的冰滴咖啡等罐装咖啡产品拥有着极高的人气。我认为日本的即饮咖啡产品也会不断变得更加美味。"

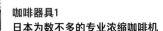

咖啡器具1
日本为数不多的专业浓缩咖啡机

在日本还很少的专业配置模型"德森浓缩咖啡机（Decent Espresso）DE1+PRO"。通过软件分析压力、流量、温度，可以实时查看其设定和实际变化等。

咖啡器具2
专业人士专用的磨豆机

世界顶级咖啡师们爱用的"司令官"手磨机。连井崎英典也赞不绝口："决定咖啡味道的最重要的一点就是粉末的粒度。这款磨豆机的精确度非常高。"

咖啡器具3
与应用程序联动显示食谱的最新技术

咖啡电子秤"阿凯亚（Acaia）珍珠模型S"是可以与应用程序联动的数字电子秤。屏幕上实时显示粉量、热水量、时间等，直接还原专业配方（见99页）。

此外，利用科技，咖啡还在教育领域有新的拓展。澳大利亚一名叫马托·帕戈的咖啡师开办的线上社区"咖啡师热论（Barista Hustle）"上，有咖啡萃取等相关论文和最新的验证结果，是一个线上学习咖啡的网站。井崎英典在2018年设立了该网站的日语版，2019年9月启动面向新手的浓缩咖啡线上讲座"1号咖啡师"课程项目。井崎英典谈道："要让咖啡行业兴起，就需要开展这样的信息传播和共享。使更多的人品尝到美味咖啡，让人们感到幸福和和平是我的愿景。我相信，只要通过科技、即饮咖啡产品的引进和运用、将咖啡文化宣传出去，就能让更多的人了解咖啡，让咖啡世界变得更加有趣。"

井崎英典的办公室里摆放着2014年世界咖啡师冠军赛的奖杯

4

科技咖啡店

运用极致科技的最潮咖啡店！

优秀的咖啡师泡出的咖啡极其幸福、美味，好喝得让人爱不释手。

但是现在，只要运用科技，任何人都可以泡出咖啡师级别的咖啡！

下面介绍两家因采用各种最新科技而成为话题的咖啡店。

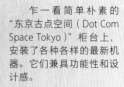

乍一看简单朴素的"东京古点空间（Dot Com Space Tokyo）"柜台上，安装了各种各样的最新机器。它们兼具功能性和设计感。

佐藤昂太

    在东京押上的"无限咖啡吧（UNLIMITED COFFEE BAR）"等地担任咖啡师积累了丰富的经验后，参与到"东京古点空间（Dot Com Space Tokyo）"的创立过程中，店里的咖啡菜单也是由佐藤昂太设计的，他于2016年获得日本手冲咖啡冠军赛的冠军。

| 原宿 | 咖啡店1

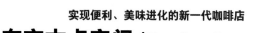

实现便利、美味进化的新一代咖啡店

东京古点空间（Dot Com Space Tokyo）

源自中国的科技咖啡店——古点空间终于进军日本市场了！
无数尖端机器和年轻的日本冠军咖啡师会实现怎样的融合呢？

尖端科技孕育沟通！

近年来，中国的咖啡市场发展迅猛。在中国咖啡市场激烈的科技竞争中，古点空间备受瞩目。古点空间的理念是让科技自然融入人们的日常生活当中，围绕音响和智能产品等，提供商品策划、设计、咨询等业务。打造古点空间咖啡店的企业富有活力，古点空间是该企业发展餐饮业的重要一环。东京古点空间，是日本首家古点空间咖啡店。从原宿竹下街进入一条小巷后，在一栋大楼的地下即可找到该店。咖啡店于2019年3月开业。

该店的咖啡师佐藤昂太在北京经过培训后，参与了东京店的开设工作。

咖啡科技

1

完美还原专业咖啡师水准的毫米级自动滴滤式咖啡机

滴滤式咖啡机，运用最新科技，完美再现专业咖啡师冲泡出来的咖啡风味。该机器为嵌入式，触摸传感器后会迅速伸出，呈喷嘴状。如果把设置在服务器上的滴头放在机器下面，热水就会像画圆一样流出，实现咖啡萃取。该机器在2020年后投入使用。

用平板电脑即可轻松操作

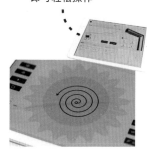

该滴滤咖啡机使用专门的应用程序，在平板电脑屏幕上进行操作。只要输入咖啡量、闷蒸时间、热水温度、冲泡时间、滴滤时的动作，就会实现自动冲泡咖啡。

在看似空无一物的订制柜台上，有一个机器开关。

（1）

从桌面上出现机器！

按下按钮，一个圆柱形的咖啡机就会从柜台中缓慢升起。

（2）

在左右移动头部的同时，精确地再现专业咖啡师的注水方式。

（4）

顶部旋转，咖啡机犹如挥舞着手臂。

（3）

咖啡科技

2

完美还原专业咖啡师技术的毫米级自动滴滤式咖啡机

德国迈赫迪磨豆机（右图）不仅咖啡豆损耗少，而且研磨速度快，抖动少。压粉器能以准确的角度和压力捣碎咖啡（中图），电子秤可检查浓缩咖啡的萃取量和味道的误差，这里摆放着许多高效的机器，精密再现佐藤先生制作咖啡的过程。

"在北京总店，咖啡豆、冲泡方法、机器等各领域都有相关的专业人士。要保证咖啡质量，就需要着力研发机器技术。总店的咖啡质量上乘、美味，浓缩咖啡也比日本的烘焙度要深。这或许是两地咖啡文化的不同之处吧。"佐藤说道。

东京古点空间的咖啡食谱与中国的不同，是日本原创的。浅烘咖啡果味十足，容易入口，深烘则注重咖啡的醇厚感等，还有如何突出豆子的个性等，这类问题都是由佐藤昂太来思考答案。为了保证咖啡的质感，佐藤需要随时试喝从各类烘焙师那调取的咖啡豆样品。

咖啡科技

3

只有机器，才能做到如此精密的程度

使用精确的数字工具管理咖啡量和温度

温度和分量是决定咖啡味道的重要因素。阿凯亚的咖啡电子秤可称豆子的重量、热水量、闷蒸时间等。菲洛（FELLOW）的滴滤专用电水壶，沸腾到设定的温度之后，还继续保持开关通电状态，相同温度将保持30分钟。电子秤和电水壶均可通过应用软件操控。

咖啡科技

4

自动计量牛奶分配器

一种自动分配器，制作拿铁时，能够以毫升为单位精确注入适量牛奶。作业时只需放置杯子，一键操作后，机器便会自动倒入预设的奶量。由于牛奶一直冷藏在柜台下方的储存罐中，因此既可以保持牛奶的鲜度，又可以为咖啡精准加奶，不会造成浪费。店里也用该机器制作冰咖啡。

1 **2** **3**

（1）荷兰的基斯范德西（Kees van der Westen）浓缩咖啡机。
（2）有长椅和桌子的舒适露天席也很受欢迎。
（3）3~4种可选的手冲咖啡（550日元）。

冲泡出美味咖啡的同时，又能为顾客提供优质的服务

　　回到科技这个初始话题吧。一进入店内，最先映入客人眼帘的就是设计简约、造型雅致的喷嘴。可别小瞧这个喷嘴，它可是比人工更精确、更能完美地萃取咖啡的滴滤式咖啡机器人，名为"得力普（Drip）"。将各类萃取相关的信息输入机器后，就能依据数据精准萃取咖啡。这款原创机器是由古点空间的兄弟公司"气泡实验室（Bubble Lab）"开发出来的，在中国已实际投入运行。目前在日本仅在路演的时候才展示该机器的功能，据说近期将要正式开始实际使用。同样，由气泡实验室开发的自动加奶机"得洛普（Drop）"在店铺内也得以使用。此外，还有压粉机、数字咖啡电子秤、电水壶等，该店灵活使用了上述各类高科技咖啡调制工具。

　　"咖啡师的工作其实远比看上去要难。如果要完成所有的工序后冲泡出一杯咖啡，那么就得投入相当大的精力。如集中注意力，连续冲泡出3杯咖啡的话，那么估计自身的全部体力也会消耗殆尽。但是，如果我们使用这些高科技器具，就能连续冲泡出30杯咖啡，而且还能保持咖啡风味的稳定性。咖啡师的工作能够变得更加游刃有余，如为顾客介绍咖啡豆、开展宣传活动等，可以更有精力跟客人用心交谈，为之后的工作创造更多的可能性。我很确信，高科技能够为咖啡带来人气，同时也会提升质量。古点空间咖啡店也希望能够继续创新技术，实现咖啡和服务的提质升级。"佐藤说。

店铺信息
东京古点空间
地址：东京都涩谷区神宫
前1-19-19 B1F
电话：03-6721-1963
营业时间：10:00-19:00
休息：无

咖啡店2 ┃ 北参道 ┃

用应用程序预定与完全无现金化

北参道咖啡店（KITASANDŌ COFFEE）

当下社会正式进入无现金时代，方便、无须等待，随时就能喝到超级美味的咖啡。
这样的理想生活在这家咖啡店就能实现。

**以咖啡为媒介，
将科技与感觉融合在一起**

不知不觉中顺路来到这里

松本龙祐（感觉株式会社代表董事）

　　松本龙祐从大学时代就开始创办企业、经营咖啡店等，开展起各类事业，之后又担任过包括日本支付平台美付（Merpay）在内的多家公司的董事。2019年成立感觉株式会社，布局融入IT技术的餐饮业务。

店铺信息
北参道咖啡

地址：东京都涩谷区千驮谷4-12-8 SSU大厦1F
电话：无
营业时间：工作日8:00-19:00；周末及法定节假日为10:00-18:00
休息：年末年初

木质地板的露台和宽敞的店面，让人心情舒畅的开放式空间。

确保效率的同时还拥有美味和温度

正如其名，北参道咖啡店坐落于东京北参道，于2019年8月开业。白墙与灌木的组合搭配，使得咖啡店整体简约，店面开阔、雅致。前面是木制地板露台，两边则种有橄榄树，树枝舒展开来。乍看之下，店铺似与科技无关，但是该店老板松本龙祐，实则曾为日本C2C二手交易平台美加里（Mercari）旗下智能手机支付平台美付（Merpay）的董事兼首席流程官，所以这并不是一家普通的时尚咖啡店。

从菜单中选择咖啡、浓缩咖啡、香草茶、热三明治。

详细解说豆子的种类和风味，点餐时拿铁可以换成豆浆。

咖啡科技

1

通过专门的应用程序实现提前点餐

客人可通过专门的应用程序"咖啡应用软件（COFFEE APP）"提前下单、支付，不用等待就可顺利享用咖啡和沙拉。还能在下单后在应用程序上查看烹饪情况，支付彻底无现金化。可以使用美付和乐天付等电子支付平台、信用卡、借记卡和电子货币等进行结算。应用程序还会为客人显示点餐历史记录，使用户能更好地了解自己的喜好。

1 | 2 / 3

（1）单独使用两台磨豆机。
（2）帕克压（PUQ Press）牌压粉器。
（3）浓缩咖啡机使用的品牌为桨叶式萃取的希涅所（Synesso）S200。

咖啡科技

2

最新质量管理机器

包括磨豆机、压粉机和浓缩咖啡机在内，店内机器整体都是高规格配置。通过将咖啡配方和萃取状况数据化，即使咖啡师增田先生不在店内，也能实现远程品质管理。在日本，只有少数咖啡店引进了该款压粉机，而这台机器可以以1千克为单位设定10～30千克的重量作为压力源，在1.3秒内实现精确压粉。咖啡的美味得以完美保持。

"我认为科技与实体店的结合，将成为一种趋势，所以我想创造出一个能够每天加以使用的服务。以前，我曾在大楼1层的一家咖啡店工作，每天都要上班，而店里的客人很多、人员混杂，所以客人等待的时间也会特别漫长，因此在那里工作会让人倍感压力。有了这个经历后，我就有了一个构想，计划开一家像现在这样的咖啡店。"松本龙祐谈道。

在这家咖啡店点餐，只需用专门的应用软件下单，到店后即可自提，而且支付完全无现金化。

"即使用到了高科技，我也希望店里能够留有人情味。我认为由人来冲泡咖啡，并用心将咖啡递给客人等，这些都有着重要的价值和意义，所以就有了一个点子，就是让员工们在咖啡杯上手写一些简短的话语。"松本说道。

当然，该店也十分注重咖啡的风味。为了保证优质的咖啡风味，店里选用日本国内一流的烘焙师烘焙的豆子，并请到在海外如澳大利亚等有丰富工作经验的增田启辅先生担任咖啡师并负责定制咖啡配方。该店还配有最新应用技术、高规格的机器设备，在方方面面都下了很多功夫。

"通过高科技，所有依赖于味觉的东西都可以实现数据化。所以，无论是哪位工作人员冲泡的咖啡，本店都能保证冲泡出来的咖啡绝对优质。"增田先生拍着胸脯说道。

松本先生还谈到，目前应用软件尚处在开发阶段，接下来会考虑以"让咖啡生活变得更愉快"为理念，为咖啡增加附加价值。

每一杯都用心制作

4		
5	6	
7	8	

（4）"第一杯冲煮咖啡（热）（400日元）"和"冰拿铁（500日元）"。
（5）手写的话语。
（6）咖啡师增田先生。
（7）路牌是这个标志。
（8）人气餐点"黑豆馅黄油三明治（350日元）"。

5
最新咖啡器具

GADGET

咖啡器具正以惊人的速度进化着，下面将介绍一些利用高科技可冲泡出超美味咖啡的咖啡器具，让我们一同通过这些器具来一探咖啡的深奥之处吧。

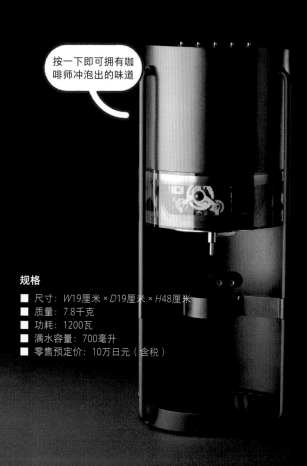

按一下即可拥有咖啡师冲泡出的味道

规格

- 尺寸：W19厘米 × D19厘米 × H48厘米
- 质量：7.8千克
- 功耗：1200瓦
- 满水容量：700毫升
- 零售预定价：10万日元（含税）

器具

1

爱德丽普（iDrip）

| 智能手冲咖啡机 |

　　由曾在世界各国设计大奖中获奖的中国台湾顶级设计师谢荣雅设计。外观时尚，是一台适合放置在房内的机器。

如何使用

12种咖啡包

世界咖啡冠军和咖啡师推荐的12种咖啡包。

云端上设有每位咖啡师的咖啡配方

通过读取专用包中的条形码，可从云端调用数据。

只需一个按钮即可进行萃取

可设定各咖啡师所采用的注水量、注水速度、注水次数和温度。

独特注水喷嘴技术再现咖啡师们的咖啡味道

云数据和中国台湾专利注水喷嘴技术，让机器冲泡出来的咖啡如专业咖啡师冲泡的咖啡一般美味！

在家中也能品尝到世界上享有盛名的咖啡师们冲泡的咖啡

在精品咖啡离我们越来越近的今天，想要买到美味的豆子并不是一件难事。然而，即使是一口令人愉悦的咖啡，如果没有滴滤式冲泡技术，也不能说最大限度地发挥出了咖啡的风味。

2020年4月发售的最新机器——智能手冲咖啡机爱德丽普，在咖啡师大赛上获得冠军。该器具利用AI技术忠实再现咖啡比赛冠军选手们多年磨炼的咖啡味道，是一台具有划时代意义的新一代咖啡器具。在开发这台机器时，开发者提出了"美味的咖啡应该与咖啡文化一起传播到世界各地"的理念，来自日本和世界各地的著名咖啡师也参与了这台机器的开发。豆子的种类、烘焙、磨豆方法都由各个咖啡师进行监修，然后再进行制作。机器还可以设定适合咖啡配方的冲泡方法。

这台世界上首个配有AI技术的咖啡器具，能够让使用者在家中品尝到在日本品尝不到的、来自世界有名咖啡师们冲泡的奢侈咖啡味道。这样的体验实在让人难以抵抗！

故事

世界咖啡冠军的味道

爱德丽普配有的咖啡豆是由世界人气咖啡冠军和咖啡师们严选出来的，使用爱德丽普就能体验到仿佛冠军咖啡师在你面前冲泡咖啡的咖啡味道。

细节

了解咖啡，品味背景

通过将专门的应用程序与机器联动，可以在智能手机上查看咖啡师和咖啡的详细信息。从而加深知识，增添乐趣。

指导制作手冲
咖啡的器具

这是一款智能咖啡机，不使用应用程序也能冲泡出经典咖啡。此外还能冲泡香草茶等，是一台多功能机器。

规格

- 尺寸：W16.5厘米 × D14厘米 × H34.5厘米
- 质量：1.4千克
- 供电电源：5V DC+/-5%500毫安
- 容量：陶瓷漏斗和盖调节阀300毫升，带柄硼硅酸盐玻璃瓶750毫升
- 附件：冰滴用玻璃杯
- 零售价：32000日元（不含税）
- 联系信息：W&R株式会社

器具
2

吉娜（GINA）

| 物联网智能咖啡机 |

1   2   3   4

使用方法

与手机软件联动显示咖啡配方

（1）启动手机软件，通过蓝牙连接主机。
（2）在手机软件内搜索咖啡配方。点击心仪的配方，完成萃取准备工作。
（3）设定闷蒸时间和萃取时间，点击开始。按闷蒸计时器注入热水，电子秤可实时测量重量。
（4）手机软件会根据粉量多少告诉用户适合的热水量，按照屏幕说明注入热水即可完成！

利用物联网技术，一台吉娜即可完成三个人的工作

乍一看吉娜是一个简单的滴滤式咖啡器具套装，但其实只要调整阀门的旋钮，就能进行法压、滴滤、冰滴，是一台多功能咖啡器具。

使用吉娜可以做很多的事情。如果想要制作滴滤式咖啡，可在手机软件内的社区里查询最喜欢的配方，设定闷蒸时间和萃取时间，按照手机软件上显示的计时器注入热水，联动的内置电子秤就会进行实时测量。

故事

守卫美味的诀窍

豆量、热水和豆子的比例，在实时测量的同时设定闷蒸时间、热水的注入量等，吉娜（GINA）全程支持萃取工序。这是一台既保留了手冲乐趣，又由最先进的物联网技术和手机软件创造出来的机器。

如制作法压咖啡，将粉末浸泡在热水中，一段时间后，将粉末与热水分离，并萃取咖啡。制作冰滴咖啡，则可调节滴滤、注水的速度，花上一些时间来慢慢冲泡咖啡。于是，口感醇厚、味道浓郁的冰滴咖啡就成功制作出来了。

一台吉娜在手，就可从全世界的咖啡配方中挑选喜欢的萃取方式为自己泡上一杯。对于喜欢定制咖啡的咖啡发烧友来说，吉娜简直就是理想中的咖啡机器。

细节

蓝牙智能电子秤内置电池，可通过微型USB随时随地充电。运行时间长达20小时。

将来自全球的生豆与专业技术联动的家庭烘焙

使用方法

从智能手机软件发送烘焙配方至烘焙主机，机器可实时显示烘焙情况，还可确认豆子等信息。

规格

- 尺寸：W13厘米 × D23.8厘米 × H34.2厘米
- 质量：4.8千克
- 功耗：1320W
- 零售价：100000日元（不含税）
- 配件：茶包专用瓶，起动机套件（两种生豆200克，说明书），每月定期寄送生豆，每月2000日元（不含税）

器具

3

松下
烘焙师（the Roast）

| 智能咖啡烘焙机 |

将来自全球的生豆与专业技术联动的家庭烘焙

松下的"烘焙师"基础服务机能满足人们实现在家烘焙咖啡豆的心愿。这是世界上第一款只要购买烘焙机主机，就会定期寄送专业人士挑选的高品质咖啡生豆的商品。

每个季节都从世界各国的优质生豆中挑选出优质咖啡豆，并在应用程序上提供专业烘焙师根据豆子个性制作的烘焙简介。通过家用小型热风式烘焙机设定温度和风量进行烘焙的咖啡豆，既能赋予使用者烘焙的乐趣，又能为刚烘焙出来的豆子带来一种奢华的味道。该款机器还提供专家服务，面向想要自建预烘焙简介的有经验的人。"咖啡的美味，九成是由生豆和烘焙决定的"，也正因如此，将烘焙工序做到极致才会尤为重要。

随时都可烘焙

全自动再现喜欢的配方

世界上的咖啡专业人士们也爱用的器具!

器具 4

好璃奥
（HARIO）V60

自动手冲智能 7

| 智能咖啡机 |

器具 5

阿凯亚（Acaia）
珍珠模型 S

| 智能咖啡电子秤 |

能凭感觉制作只属于自己的咖啡

为世界咖啡师们认可的咖啡品牌好璃奥也推出了智能咖啡机。配备触摸面板的机器可以为使用者精确、细致地设定热水温度、热水量和速度，不仅可以自动萃取，还可以再现自己设定的咖啡配方。此外还可将配方上传到云端与其他用户进行分享，感受共享的乐趣。

装有功能最先进的数字电子秤

近年来，阿凯亚（Acaia）的智能秤很受世界顶级咖啡师和咖啡店的欢迎。也能经常在世界咖啡冠军赛上见到该器具，是深受职业选手喜爱的精品。除了简约的设计外，还提供了多种功能，包括计量模式、自动启动推杆模式、浓缩咖啡模式和流速模式，实现了咖啡萃取的可视化。

细节

触控面板提供卓越的操作体验

该款产品不仅可在手机软件上操作，还可在触屏上操作，使用非常方便。提取的信息在画面上清晰可视化，是一款初学者也容易上手的咖啡机。

使用方法

常用于冲泡滴滤式咖啡的练习机

有同时显示计量功能和计时器功能的双重显示模式，带有流速表模式，能实时测量浇注速度，功能多样，十分适合用来练习滴滤。

规格

- ■ 尺寸：W24.5厘米 × D12厘米 × H29厘米
- ■ 质量：2.0千克
- ■ 功耗：750W
- ■ 容量：270~700毫升
- ■ 零售价：70000日元（不含税）
- ■ 配件：玻璃滴头、全套服务器、勺子、滤纸

规格

- ■ 尺寸：W16厘米 × D16厘米 × H3.2厘米
- ■ 质量：606克
- ■ 零售价：24800日元（不含税）
- ■ 配件：专用耐热垫、微型USB电缆

趋势

6

即饮产品（RTD）

来自"蓝瓶咖啡"的"即饮"构想

颠覆罐装咖啡既成概念的咖啡品质之美

　　一般来说，罐装咖啡等即饮产品（Ready to Drink, RTD）多由大型制造商来制造，优点是可以直接饮用，十分便利。但是现在，提供正宗精品咖啡的咖啡店也开始进入这一商业领域。美国的"蓝瓶咖啡"就率先进行了这一商业尝试。

　　原为艺术家的詹姆斯·弗里曼于2002年在加利福尼亚州奥克兰市创立了蓝瓶咖啡。于2015年在日本开设首家日本蓝瓶咖啡店，名为"清澄白河咖啡烘焙工坊与咖啡店"，现

罐装咖啡的革命！

罐装冰滴咖啡
浓郁（BOLD）

口味丰富、香浓、回甘

　　2019年开始上市的浓郁（BOLD）咖啡。混合了75%的危地马拉和25%的印度尼西亚咖啡豆，口感如巧克力般香浓、回甘（236毫升，600日元）。

在在日本已有16家店铺，急速成长为咖啡业内的一大品牌。2016年3月，蓝瓶咖啡首次推出罐装咖啡。

"为了让人们在咖啡厅外也能享受到蓝瓶咖啡的美味冰滴咖啡（冷萃咖啡），蓝瓶咖啡开发出了相关的咖啡即饮产品。要制作出确保品质的罐装咖啡，并将其推广给顾客，怎么看都是相当有难度的。"蓝瓶咖啡的亚洲区总裁井川沙纪如是说道。这一构想的实践最初是在美国展开的，美国人对罐装咖啡并不怎么熟悉，然而因为咖啡的美味，产品随即大受好评，一跃成为当时的热门话题，产品现在仍在市面上广泛流通，极具人气。为了回应众多日本粉丝们的呼声，蓝瓶咖啡于2017年在日本也推出了成系列的即饮咖啡产品。

蓝瓶罐装咖啡，首先让人惊讶的是该饮品的味道真实还原了蓝瓶咖啡店里的味道。制作过程一丝不苟，豆子的品质、烘焙、萃取等每一步都精益求精，该产品有着一般的罐装咖啡所无法比拟的高品质美味。除了有深烘、浅烘两种之外，2020年4月蓝瓶咖啡还计划推出单品咖啡的即饮产品。想要泡出美味的冰滴咖啡，既耗时又费力。选择罐装咖啡，何时何地都能轻松尝到店里的味道，这种即饮方式正在成为一种新的咖啡享受方式。

詹姆斯·弗里曼

弗里曼将蓝瓶咖啡推广到世界各地，引领了第三波咖啡风潮。

作为一名咖啡发烧友，他那不可动摇的信念和艺术家气质闪耀着特有的光芒。

罐装冰滴咖啡
浅烘

可以在冰箱里常备的冷饮！

使用了原创的浅度烘焙非洲3种拼配豆，兼具丰富的果味和清爽的酸味。春夏限定，从3月26日开始在实体店和网上有销售（236毫升，600日元）。

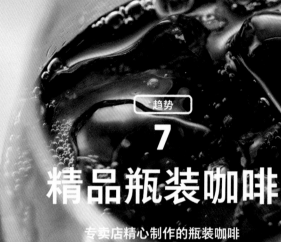

精品瓶装咖啡

专卖店精心制作的瓶装咖啡

瓶装咖啡可直接让人享受到专业人士泡好的咖啡味道。
人气咖啡店和咖啡烘焙工作坊从选豆、烘焙到冲泡，每一步制作都非常讲究。
如果想在家中品味丰富的咖啡风味，只有精品瓶装咖啡能带给你这样的享受。

> 倒出咖啡，
> 咖啡店的味道
> 便弥散开来

由自家烘焙

瓶装的精品咖啡

醇厚的口感

用法兰绒滤布缓慢萃取

推荐制成牛奶咖啡饮用

瓶装
咖啡 1

墨田咖啡
SUMIDA COFFEE

咖啡液

　　商家严选风味丰富的精品咖啡豆，经过自家烘焙后制成这款无糖咖啡。因为使用了比平时多两倍量的豆子，所以用其制成的冰咖啡、牛奶咖啡等的口味自不必说，该款咖啡还可以用来做甜品，味道十分醇厚。还可与砂糖、明胶混合成咖啡果冻或用磷脂和咖啡混合成法式咖啡吐司等，制作方法多样。在实体店、网上均有销售（720毫升，1620日元）。

瓶装
咖啡 2

萨扎咖啡
SAZA COFFEE

法兰绒冰滴咖啡（无糖）

　　这是一款无糖液体型冰咖啡，由以在南美洲拥有自家农园而闻名的正宗咖啡店生产。豆子使用危地马拉、巴西等地的咖啡豆，用法兰绒冰滴滤并进行仔细萃取。味道清爽，还能感受到咖啡原本的醇香，建议不要稀释，直接饮用。因为味道有点浓，即使加入牛奶做成冰咖啡，咖啡的味道也十分突出。在实体店、网上均有销售（1000毫升，600日元）。

瓶装咖啡 3

南方邮便机
NANPOU YUUBINKI

哥伦比亚液体冰咖啡

这是由坚持"极深烘焙、深烘焙"的自家烘焙豆专营店制作的冰咖啡。使用以产优质豆子而闻名的哥伦比亚纳里尼奥产的咖啡豆，用法兰绒滴滤法进行咖啡萃取。将咖啡豆所具有的醇厚、浓郁、柔软发挥到极限，味道浓厚。店主建议该饮品适合冷却后慢慢品味。可通过实体店、网络、传真购买（1000毫升，760日元）。

瓶装咖啡 4

蝉咖啡总店
HIGURASHI ICE COFFEE

蝉原创冰咖啡

该产品出自1930年开业的咖啡店，使用100%阿拉比卡种，并用制作冰咖啡的原创拼配豆"冰皇室"，通过法兰绒滴滤式萃取法萃取。即使饮品冰冷也能充分品尝到其中的咖啡醇香，加入足量的冰块后饮用也十分美味，也适合加奶饮用。可通过实体店、电话、传真、网上购买（1000毫升，710日元）。

瓶装咖啡 5

K 咖啡
K COFFEE

香甜、美味，小孩也可饮用的昂列咖啡，可做牛奶咖啡的基础原料

奈良县大和郡山市有一家咖啡店，是由加油站改建而成的，这款产品为该店提供的自家烘焙咖啡。原来不喝咖啡的店长，为了能让咖啡更容易入口，在不断研究之下，推出了这款自家烘焙的加糖型昂列咖啡。牛奶的加入，愈发烘托出浓郁的豆香和柔和的甜味。如果饮料中没有牛奶，则更能衬托出浓郁的豆香和柔和的甜味。因为该饮品无咖啡因，孩子们也能放心饮用。实体店、网络、传真上均有销售（500毫升，972日元）。

由自家烘焙的专卖店生产

令人极致幸福的深烘咖啡

加入足量冰块

醇香口感填满人心

家中自备的牛奶咖啡

口感显著提升

让人放松的温柔味道

瓶装咖啡 6

鸡尾酒堂
COCKTAIL DO

醇厚馥郁

无添加咖啡

液体冰咖啡

这是一款将咖啡豆在良好的环境下仔细烘焙而成的无糖液体冰咖啡。用法兰绒滴滤慢慢萃取，口感清爽又醇厚。可冰镇，也可直接饮用，推荐制成冰咖啡、浮乐朵咖啡等。在四家直营店、工厂和配送中心的直营店、网上均有销售（1000毫升，648日元）。

瓶装咖啡 7

猿田彦咖啡
SARUTAHIKO COFFEE

追求平衡的口感

使用了自家烘焙豆

无糖/液体冰咖啡

为了最大限度地平衡烘焙后产生的苦味和甜味，这款产品使用了经过火烧的咖啡豆，因此口感很好，余味清新。可以尽情享受深烘后的咖啡香味。加冰和不加冰都十分美味，和牛奶搭配也是不错的选择。在实体店、网上均有销售（1000毫升，853日元）。

瓶装咖啡 8

辻本咖啡
TSUJIMOTO COFFEE

主要由印度尼西亚的曼特宁拼配

奢侈地拼配

脱咖啡因 冰咖啡 招牌拼配豆（无糖）

这款产品是由大阪的日本茶业旗下的咖啡专营店出品的脱咖啡因咖啡，是将优质的哥伦比亚和印度尼西亚曼特宁豆子奢侈地拼配在一起，用法兰绒滴滤法萃取而成的正宗咖啡。可以让人很好地享受咖啡的风味，后味很好。咖啡因的去除方法采用了对豆子也很温和的液体二氧化碳萃取法。通过实体店、网络、传真上均可购买（1000毫升，756日元）。

瓶装咖啡 9

丸福咖啡店
MARUFUKU COFFEE TEN

独特技艺的深度烘焙咖啡

老店传承

瓶装咖啡（用于冰咖啡）

这款产品用的是大阪坚持了约86年的技法烘焙的豆子，被称为"深烘的极致"。匠人们用创业者独自设计的器具萃取这种豆子，然后直接装瓶。直接倒在放满了冰块的玻璃杯里，就能品尝到老字号特有的浓郁味道。有加糖和无糖两种类型，并配有咖啡伴侣。在实体店、网上均有销售（125毫升，399日元）。

8

一起学咖啡

"咖啡师论坛"掀起的一股咖啡学热潮！

"要不去咖啡学校学习一下？"像这样自主学习意识较强的咖啡爱好者们，
先别急着下决定！现在有十分厉害的服务，能够让你学到世界级最新的咖啡技术！

检索 1

在世界各种协议会上名列前茅的咖啡大师马特·帕格亲自传授的咖啡技巧！

马特·帕格是咖啡行业的潮流先驱，其个人动向也备受业内的关注，他也会大方地分享自己亲自演示的、传授技巧和理论的教学视频。视频内容浅显易懂、富有创意，得到了世界各地咖啡专业人士、咖啡爱好者们的支持。

检索 2

不是从感觉上而是从理论上解释制作咖啡的诀窍

网上咖啡学习和交流平台"咖啡师论坛"坚持实事求是的原则。对每天在世界各地的学会上发表的最新论文中的咖啡制作技巧进行验证，并严选被实证的理论，在网站发布。在这里，咖啡专家有理有据、通俗易懂地解释了所有关于咖啡的疑问。

多次参加世界大赛的顶级咖啡师将冲泡咖啡的实践技巧、配方等一一公开。

评语 我们的使命是支持世界各地生产出更好的咖啡。请一定要把日本人的执着、纪律严明、工作时全神贯注的精神运用到咖啡制作中，在咖啡师的道路上做到极致。

（左）用豆浆制作拿铁咖啡的必看绝技。通过使用帕格先生传授的技术，两杯饮品的外观和味道都有所不同。
（右）详细说明拿铁拉花的成功和失败的原因。

在世界范围内拥有4万多名会员的最先进的咖啡网站"咖啡师论坛"，是一个信息共享平台，用于分享制作美味咖啡的信息和教育，创建社区，并传播最先进的咖啡技术和想法。担任网站代表的是拥有咖啡师、烘焙师等多重身份的咖啡界领袖人物马特·帕格。而负责在日本运营该网站的是日本顶级咖啡师井崎英典。"拥有专业知识的学者们也参与到了策划中，为了让日本人能够更好地理解里面的内容，我们制作了一个简单易懂的翻译版。"井崎英典先生说道。继网站有了面向专业人士的"高级咖啡制作课程"之后，又推出了面向初学者的日语版"一级咖啡师"。课程内容从浓缩咖啡的基本冲泡方法到机器的解说等，也推荐给喜欢在家里冲泡咖啡的人士观看学习。无论是咖啡爱好者还是想成为咖啡师的人们都可以使用该网站进行学习。

由世界顶级的专业老师亲授！
咖啡的学习方式开始发生变化

检索 3　随时随地轻松进行在线视频学习

一级咖啡师的课程内容有7章，涵盖20多个文本和视频。讲座视频可以欣赏到平时看不到的咖啡师的视角、杯子的特写等影像。共计约30小时的课时，课后还准备了结课测试。

检索 4　咖啡师、科学家、翻译专业人士将世界最新咖啡技术日语化

以井崎先生为首，咖啡文化杂志《标准》的日本记者和有机化学专家也参与到了"咖啡师论坛"的日文版监修工作当中。在上述专业人士的共同努力下，一级咖啡师的课程（19800日元）内容翻译变得更为准确且具有易读性。

课程

第1章：机器知识
第2章：咖啡配方的构成
第3章：短时间内引起的成功和失败
第4章：打奶
第5章：拉花
第6章：饮料制作
第7章：专业精神
　　　　结课测试

发挥了我的个人经验！

这里有世界一流的技术和知识

当我想成为一名咖啡师时，最困难的是获得正确的信息。因此我制作了网站的日文版，希望将我的朋友马特·帕格的世界级咖啡技能和知识分享给朋友们。

第三位咖啡贤人

3

茶缎咖啡店咖啡师

藤冈响

咖啡店的普及也促进了"咖啡师"这一职业的深入和渗透。
我们向在台上台下都密切关注咖啡场景的藤冈先生询问了
咖啡师的应有状态和今后的作用。

藤冈响

藤冈响

　　20岁时立志成为咖啡师，为此学习服务和相关基础知识。为了进一步提高技术水平，他在东京开设了几家咖啡馆，包括涩谷的迷你剧场"欧洲空间"和"诗欧咖啡店（Cafe Theo）"（现已停业），表参道的"面包和浓缩咖啡"。后来，在狐狸商店（MAISON KITSUNÉ）旗下的咖啡店中担任店长，蓝瓶咖啡进军日本市场时，藤冈响担任日本蓝瓶咖啡店的培训师，他的未来目标是实现事业独立。

店铺信息
茶缎咖啡店（Satén Japanese Tea）
地址：东京都杉并区松庵3-25-9
电话：03-6754-8866
营业时间：10:00-21:00，周五10:00-23:00
休息：无

培养了多名咖啡师的咖啡培训师藤冈响先生所冲泡的浓缩咖啡吸引了许多粉丝。

咖啡师的作用正在进一步扩大

"正因为置身于各种各样的环境中，咖啡师这个职业在不同的店铺中所承担的角色也有所不同，我切身感受到很难去定义咖啡师这个职业。"

治愈心灵的
拿铁艺术

在当下势头强劲的蓝瓶咖啡店中担任咖啡师培训师的藤冈先生的话，既宏观又直击真相。"barista"一词，意为意大利酒吧服务员，这类服务员不仅需为客人提供咖啡饮料，还需为客人提供酒类、制作鸡尾酒并与客人对话营造店铺气氛。这种作为酒吧文化一部分的咖啡饮品，经过西雅图的改

在名店磨炼手艺，让众多顾客乐在其中的藤冈先生的拿铁拉花既美丽又富有韵味。

进后，与咖啡店一起被引入日本，"barista"一词便也被广泛理解为处理咖啡的人，即咖啡师。

"我并没想过要给'barista'一词下个定义，作为一名咖啡师，是要不断在制作咖啡的路途上精益求精的。这个过程中，咖啡师们时而会钻进死胡同、时而会碰壁。有些情况下，需要接待原本就对咖啡不感兴趣的客人，比如客人点了甜品和其他饮料，就无法用咖啡进行招待了。我曾在并有其他设施和服装销售的咖啡馆工作，这样的经验，提升了我作为咖啡师的交流能力。我认为咖啡师以咖啡为中心的同时，还要与客人进行直接的接触交流，由此才能对各种各样的事情产生兴趣，通过技术和服务回馈客人。茶缀咖啡店也是基于这样的想法迎接挑战的。"藤冈先生说道。

（上）如藤冈先生的搭
档般的浓缩咖啡机。
（下）混凝土和木材相
结合的舒适空间。

咖啡师的破壳，增添了咖啡场景的魅力

作为咖啡师和咖啡师培训师踱步于名店内，藤冈先生现在所站的地方正是茶缎咖啡店。

"在日本国内拥有生产者的日本茶，比海外进口的咖啡在日常中更少见，虽说这样听着好像有些奇怪。而与咖啡的萃取方法在不断被研究、推进的情况相比，日本茶还有相当大的研究空间。或许有人会疑惑，一个咖啡师为什么研究日本茶？其实这个思想的转变是很自然的。是的，咖啡师可以做很多事情。这家店也一样，一些到城市培训学习的咖啡师们，有些会打算在郊外开店。美味的咖啡不是只有城市才有，反过来，询问打发悠闲时光的客人们的口味，提出挑选咖啡风味的建议等工作才是咖啡师的本分职责吧。像这样有着同样想法，想回到家乡的咖啡师们近来人数也在增多。而我则比较关注如何让店铺更为多元化，与店内的设施实现一体化。咖啡店不是单一的，只有多元化才会有更多采用新形式的店铺出现。这样可以吸引对咖啡不怎么感兴趣的客人，咖啡师们也会得到锻炼，迎接更多的挑战。当然，咖啡师们肯定是有实力的。最近好像经常出现'家用咖啡机'一词。我刚入行时，这样的浓缩咖啡机还是挺稀罕的，现在的话，只要网购，任何人都可以入手。有些机器价格低得惊人，有些咖啡机则贵至50万日元，放置在购买者的家里连专业人士都相形见绌。不管怎么说，被称为'咖啡师'的人们开始从'默默泡咖啡的人'这种刻板印象中解脱出来，出现了许多新的变化，我觉得这是一件好事。"藤冈先生说道。

伴随"咖啡师"这一头衔一路走来的藤冈先生，从日本茶的角度分析了咖啡场景的现状，其想法不拘泥于固定观念，充满了创意。咖啡师们以咖啡为中心的华丽变身，也许就是藤冈先生想要表达的"咖啡师的未来图景"吧。

1	2
3	4

（1）在一般的咖啡店里看不到的茶具，是茶缀咖啡店不可或缺的存在。

（2）"抹茶拿铁（520日元）"是将日本茶和拿铁融合在一起。

（3）泡日本茶的动作有一种舒适的紧张感。

（4）每一种牛奶饮品都有拿铁拉花。

抹茶与拿铁的华丽融合

趋势

9

本土店

"本地的美味咖啡"已成为标准

近来，具有实力的咖啡店在郊区越来越多，这些店铺为何不选择城市，
而是特意选择在郊区开店？就让我们来探寻他们的真实想法吧。

咖啡店1 ┃ 国分寺 ┃

寄予地方念想的 "85分极致咖啡"

沏合人生（Life Size Cribe）

从大城市新宿坐电车20分钟左右能到达这家咖啡店。
曾在名店磨炼手艺的店长在国分寺站前商业街上冲泡的咖啡，
正给这座城市带来新的气息。

| 1 | 2 | 3 | 4 |

（1）拿铁（520日元）等白咖啡十分受客人欢迎。
（2）烘焙工序全部数据化，讲究减少口味变化。
（3）有很多远道而来的客人，只为寻求大赛获奖者吉田先生冲泡的咖啡味道。
（4）"过滤式滴滤咖啡（550日元）"也很受欢迎。"开放式三明治（800日元）""法式吐
司（600日元/周六、周日限定）"等的食物搭配也十分有趣。

不将味道强加于人，创造一个从对话中诞生的"世界"

在国分寺站附近，有一条"晚店"林立的街道，有一家名叫"沏合人生"的咖啡店。在这一带店铺还在关着铁门的上午10点，店长兼咖啡师吉田一毅一人就开始负责烘焙豆子。与东京郊外的车站前商业街不相称的现代风格店内，店长头戴圆顶礼帽，身着皮革围裙。不由得让人有一种来到布鲁克林的错觉，于是我们冒昧地问道："在这个位置开店，不会很难

（上）曾在保罗·巴塞特（Paul Bassett）店中进修咖啡技术的吉田先生。"沏合人生"这个店名中包含着追求"适合自己人生的生活"的理念。
（左下）原创拼配豆有两种，分别为中深烘焙的"绿色大陆"和浅烘的"布朗夫人"，450日元（45克），也可在网上购买。

做吗？"吉田先生笑着否定说："我们家就像白天开的零食店一样，所以经营得还好。"

在名店"保罗·巴塞特"磨炼一番后的吉田先生于2015年开了这家店。吉田在27岁时试着离开咖啡文化的前沿地，之后有了许多感悟。

"只是离咖啡的最前沿地稍微远那么一点，一些原本认为理所当然的事情也就很难传达给客人了。即使为客人详细地解说豆子特有的味道和香味，有些时候只是在把这些东西强加于人。"吉田先生说道。

"咖啡店里的咖啡好喝那是很正常的事。比起制作出一杯满分的咖啡，我更想让客人们每天能享受到85分的咖啡。在这样的空间里进行相互间的交流，才是我这家店的乐趣。"吉田先生说道。

沏合人生咖啡店的香气，正在把曾经昏沉的早晨街道变成充满活力的地方。

> 惬意地享受
> 名店技术

店铺信息
沏合人生咖啡店（Life Size Cribe）

地址：东京都国分寺市本町3-5-5
电话：042-359-4644
营业时间：11:00-20:00
休息：星期二，其他时间不固定休息

每日的生活因美味的咖啡而充满幸福

眼镜咖啡（MEGANE COFFEE）

> 曾经是咖啡"贫瘠之地"的樱上水，因为一家咖啡店，迅速提升了街上人们的咖啡文化程度，
> 如今该店成了这座城市不可或缺的存在。

从樱上水站出发徒步走大概5分钟的距离，有一家叫"眼镜咖啡"的咖啡店。沿着甲州市的街道漫步，当踏入该店店内，宁静的时光在悠缓地流动着。店长竹日涉，是有着15年以上经验的咖啡师。对咖啡有着很深的见解，也在咖啡专业学校担任讲师，还参与到在日本目黑的"SWITCH COFFEE TOKYO"开店的工作中，有着丰富的人生经历。

2015年独立开店，之所以选择在樱上水开店，是因为这条街的咖啡店比较少，可谓是咖啡的"贫瘠之地"。

"樱上水不是游客们的聚集地，是在东京市中心上班的人们居住的住宅街道。所以我就想在这里开一家店，能够让人们从市中心下班回来后，顺路来这里，或是假期在店内享受着休闲的时光。开业之初，有不少人说'附近终于开了一家咖啡店了，真的非常高兴'，我也很感谢他们如今依然常来光顾。"竹日涉说道。

店里追求的是
日常的美味

1 | 2 | 3

（1）使用每周更换的原创单品豆的"热咖啡"。软饮料全部550日元，续杯250日元。
（2）春夏限定的"自制火腿三明治（650日元）"。
（3）"埃塞俄比亚 孔加（100克 950日元）"。店里经常有3~4种豆子出售。

法压咖啡虽然有着很长的历史，但现在店内使用的是位于法压和滴滤式咖啡之间的好璃奥浸没式滤杯"Switch"。

矜持的"街上咖啡店"带来的舒适感

竹日先生自品尝到精品咖啡后，便开始认真地学习起了咖啡。竹日先生希望客人们在喝店内的招牌"热咖啡"的时候，可以品味到豆子的个性，能够感受到店内提供的豆子品质十分优良这一点，为此竹日先生严选出优质的单品豆子进行自家烘焙后使用。另外店内每天早上都会烤制超美味的面包，比如店内的"汉堡三明治"的汉堡肉就要花上一周时间进行低温处理调制而成，还有其他零食、点心等，均由店内人员手工制作。这些点心都能带出咖啡的风味，在客人的味蕾上扮演着"主角"，可谓美味珍品。店内精心制作的咖啡和点心的魅力让"咖啡通"们都为之着迷。也正因"街上的咖啡店"这样随意、轻松的氛围，而深受人们的欢迎。

店铺信息
眼镜咖啡（MEGANE COFFEE）

地址：东京都杉并区下高井户3-3-3
电话：03-5374-3277
营业时间：12:00-17:00，18:00-21:30；
周末，法定节假日：12:00-19:00
休息：不固定休息（可在官网上确认）

（上）除了拿铁等浓缩系列、咖啡饮品之外，还有其他菜单。
（下）店内咖啡奶油般的口感，和容易被油脂掩盖的细腻豆香得到了客人们的认可。

咖啡连接着人与人

顺其自然咖啡店（Let It Be Coffee）

在漫长的职业生涯中，两位不断追求自我的咖啡师，他们那对"喜欢的人和物"的感受和想法，
成为了连接来店里的人和人之间的媒介。

　　远离车站前喧嚣的商店街的一角，"顺其自然咖啡店"于2018年开业。店长是宫崎哲夫和他的夫人素子，两人都是有10年以上经验的咖啡师，并一直活跃于该行业内。开店之时，正值灵感源自"星巴克玉川3丁目店""蓝瓶咖啡"等咖啡行业的新经营形式在日本首开店铺，所以夫妇俩可谓是走在时代潮流的最前线。

　　"人生只有这么一次，所以想在有限的人生里和喜欢的人在喜欢的时间做喜欢的事"，独立开店的两人这么谈道。刚开始两人开设了"旅行咖啡店"，没有固定的场所，约1年来一直在咖啡厅和办公室等地泡咖啡。之后两人在"家"这个终点相遇，并作为咖啡师共度了许多时光，之后在街道上开了这家店，整个过程都非常自然。"与名流居住的街道的印象相反，二子玉川像是商业街般，保留着昔日的氛围，还有很多田地和河流等丰富的自然景观。这里的老居民都很有人情味，十分亲切，也方便带孩子来，有不少的年轻人。"宫崎说道。

（左）把这家店称为"家"的两人，就像请朋友到自家做客般，会满面笑容、真诚地欢迎和款待客人们，令人感到十分舒服。
（右）拼配后带有埃塞俄比亚自然浆果风味的"拿铁咖啡"（520日元）。

能感受到温柔的空间

追求自我，到达自我的"家园"

而这家店是由两人及至今遇到的人们共同创造出来的，店内只摆放着他们喜欢的东西，比如拼配用的豆子是从藏前的莱特咖啡店专门为这家店制作的原创拼配咖啡豆，两种原创单品咖啡选用由大阪的莉莉咖啡烘焙店烘焙的豆子。店内还有陶艺家远藤太郎制作的益子烧咖啡杯，也是原创的特别定制品。店内的物品固然优质，但更重要的是想要通过这些物品传达出手工者们的想法和热情。

该店注重交流的想法可通过店里的空间反映出来。店内中心摆放着柜台，无论从店内的哪个地方，都能很轻松地与店长夫妇进行交流，且店内还横向摆放有长凳子，方便客人之间的交谈。

对于新目标，二人表示，希望这个地方在今后的30年、40年也能继续把店开下去。到访的客人们通过这家咖啡店，可以认识更多的人，让这家店成为交流的场所。也希望喜欢的东西和亲手制作的东西里蕴藏的"想法"能够很好地传递出去，这也是二人对养育他们的这条街和至今为止遇到的人的回报。

1

2

3

4

店铺信息
顺其自然咖啡店（Let It Be Coffee）

地址：东京都世田谷区玉川3-23-25豆二子玉川102
电话：无
营业时间：11:00-20:00
休息：星期三

（1）"滴滤咖啡"（500日元）可以从两种单品原创和1种拼配咖啡豆中选择。
（2）"豆沙黄油三明治"（550日元）是将手工制作的豆沙和无盐黄油用辣椒面包夹在中间。
（3）外卖杯上的标志是素子设计的。
（4）"顺其自然原创拼配"（100g，880日元）。

趋势

10

混合风

超越"并设*"的实力派

在融入其他设施的同时，还提供极致咖啡体验的业务经营形式使得以下店铺名声大噪。
下面就让我们来了解这种复合业态"混合"风格吧。

| 咖啡店1 | 东日本桥 |

这家咖啡店拥有
世界各国的粉丝

今天的街角"码头"也有旅行者聚集

码头咖啡店 (BERTH COFFEE)

在旅舍的入口处，码头咖啡如同一张"脸面"
与城市融为一体。
不分国籍、各式各样的人往来于此，
他们会产生怎样的交流呢？

1　　　　**2**　　　　**3**

（1）西丹（CITAN）旅舍的住宿费一晚3000日元，价格
合理。在访日的外国人中很受欢迎，是可以接受的价位。
（2）使用卡利塔滤杯冲泡的咖啡，醇厚感和甜味都很好
地表现了出来。
（3）室外柜台将码头咖啡与旅舍和街道连接在一起。

（上）人气很高的"拿
铁咖啡"（普通杯500
日元）。
（下）口感平衡的魅
力——"码头拼配"
（100克，1000日元）。

---

*：表示同时设置。

在一生难得相遇一次的空间里，提供点缀回忆的咖啡

CITAN是由一家衬衫制造商的总部大楼改建而成的青年旅舍，位于服饰批发商业街东日本桥马喰町区内，在旅舍的入口处有一家"码头咖啡店"。

"因为这里是各国客人来往的旅舍入口，所以常有日本客人说'这里的外国人很多，来这里喝咖啡就像在国外的咖啡馆一样'，这样的咖啡店真的很少见。"咖啡店经理岩井俊树微笑着介绍起码头咖啡店的特色并谈道："本来是想开一家配有烘焙工坊的咖啡店，然后把咖啡做到极致，但是后来被位于藏前的青年旅舍Nui的氛围吸引，而CITAN又是和Nui为同一家公司开的旅舍。所以不知不觉间，就开了3家和旅舍融为一体的咖啡馆了（笑）。码头咖啡店除了专注于制作美味的咖啡之外，员工们还作为旅舍的职员，承担着管理客房、接待

面向街道突出的柜台。人们聚集来此，如同店名"码头"之意般。

｜与青年旅舍的组合｜

住客的工作。这样解释，可能就会有人认为我们只会业余地冲泡咖啡，但并不是这样的。通过旅舍，我们实现了与客人的心灵相通，这是旅舍咖啡馆的独特优势。客人在旅舍停留的时间是有限的，也正因如此，会让我们更想要认真地冲泡出一杯好咖啡献给他们。如果能通过一杯咖啡点缀客人的美好时光，并加深彼此间的交流，这是件多么令人愉快的事情。"

在刹那间，为来客带来富有深度和韵味的咖啡，码头咖啡店功不可没。

岩井俊树
咖啡经理
曾在东京的Nui旅舍打工，之后作为"连（Len）京都河原町"的创始成员前往京都工作。2016年回到东京，开设码头咖啡店。

店铺信息
码头咖啡店
地址：东京都中央区日本桥大传马町15-2
电话：03-6661-7559
营业时间：8:00-19:00
休息：不固定休息

咖啡店2 ┃青山┃

在时尚街道的咖啡店，使用复古的法兰绒滴滤
科比咖啡（COBI COFFEE）

象征时尚潮流的街道"青山"和咖啡馆文化的标志"法兰绒滴滤"。
这是一家将两者融为一体的店铺，即使在全日本，也独此一家有这般特色。

"在这家店，也有一些不喝咖啡的客人和我们同在一个空间内。一些对咖啡完全没兴趣的客人，如果在'无意间'尝了一口咖啡后，能够发现其中的美味，那么对于我们来说是十分幸运的事情。"川尻说道。

对于有在销售店工作经验的川尻大辅来说，这是一个熟悉、亲切的空间。那么作为咖啡师，川尻先生是否也有过焦虑、郁闷的时候呢？针对这个问题，川尻先生给出了文章开头的回答。

因被咖啡吸引，在25岁进入该行业的川尻先生，曾在"奥布斯库拉咖啡烘焙店"工作过。

"那时公司开始开分店，需要做很多策划，那段时期非常忙碌。当时接到的其中一个项目就是要开设这家科比咖啡店。我从准备到整合花了1年左右的时间，开业4个月后，当我站在店中央，惊讶地发现居然有那么适合我的一家店，于是就跳槽到这里来了。"川尻说道。

1　**2**

┃ **并设有精选店的咖啡店** ┃

（1）与咖啡相配的"蜂蜜蛋糕"（700日元），味甜浓郁，是"东山"出品的甜点。
（2）找到了4张贴面的厚法兰绒滤布，是特别定做的滤布。
（3）日式和西洋风格融合的独特空间。

店铺信息
科比咖啡（青山店）

地址：东京都港区南青山5-10-5
第1九曜大厦101
电话：03-6427-3976
营业时间：9:00-20:00；周末、法定节假日10:00-20:00
休息：不固定休息

3

4

5

让人们了解咖啡的美味是一个巨大的挑战

因为喜欢，就不惜从城市到城郊来，川尻先生选择的这家店实际上有着独特的风格。

"我喜欢纯咖啡，所以一直很向往法兰绒滤布式冲泡法，然后试着动手用法兰绒滤布对精品咖啡进行萃取后，咖啡十分顺滑，变得特别好喝。虽说要引出精品咖啡的个性，就得对浅烘的豆子进行直接的萃取，但我认为有些咖啡风味是只有通过法兰绒滤布才能萃取出来的"。川尻说道。

正如刚才说的，法兰绒滴滤法冲泡出来的咖啡风味没有尖锐感。会有人觉得好像少了些什么，但也有人会喜欢这样的口感，因人而异。但毋庸置疑的是，这样的口感是大多数人比较容易接受的。

店内消费者们单手拿着咖啡，笑容洋溢的模样，可以让人确信，川尻先生的店铺运营十分成功。

（4）隔着桌子在客人面前精心冲泡每一杯咖啡。

（5）"花与树枝"精选店内，放置有日本国内外严选的服装、鞋、饰品、容器。

（6）受女性顾客喜爱的"拿铁"（680日元）。

（7）能感受到苦巧克力和葡萄口味的细微差别的"科比拼配深烘"（100克，800日元）。

川尻大辅
科比咖啡经理

大学毕业后，在精选店工作时，川尻对于与服装一同销售的咖啡器具产生了兴趣，于是跳槽到奶油作物咖啡店，又曾在奥布斯库拉咖啡烘焙店工作，之后转到科比咖啡担任店铺经理。

6　　7

11
家庭咖啡师

"真正的家庭咖啡师"培训讲座

在家用浓缩咖啡机普及的当下，在家的咖啡体验也发生了剧烈的变化。
要冲泡咖啡就得认真起来！这里有顶级咖啡师公开他们的冲泡秘技！

下面公开专业人士在咖啡店的实践顺序！

藤冈响
茶缎咖啡店咖啡师
　　曾在蓝瓶咖啡等名店有过咖啡师的工作经验。2018年4月在东京西荻洼创办缎面日本茶咖啡店。

打好基础，享受制作咖啡的乐趣吧！

由于浓缩咖啡文化的普及和网络销售的发达，人们已能够轻易购买工具实现在家中喝上浓缩咖啡的梦想。但是，除了要从许多咖啡器具中选择最适合的工具，还要知道如何才能冲泡出美味的咖啡。正是在家庭咖啡师这一趣味性身份不断普及的今天，有更多的人会想要了解挑选器具，冲泡咖啡的正确方法。

"家用浓缩咖啡机和磨豆机等，要备齐这些物品就需要约30万日元。如果能够用正确的冲泡方式，就能制作出不输于咖啡店的美味，所以选好工具、学好冲泡方法非常重要"曾在蓝瓶咖啡担任咖啡师培训师的藤冈先生这么说道。刚开始使用咖啡机的时候还挺折腾人的，但是只要按照顺序操作，普通人也能制作出味道稳定的咖啡，享受到制作咖啡的乐趣。将这些基础和技巧掌握后，就可以自称"家庭咖啡师"了。

（1）按出热水约1秒，加热内部的淋水板。
（2）用干布擦拭接粉器。
（3）从磨豆机中加入比使用量稍微多一点的粉末。
（4）用电子秤测量与使用的滤网相匹配的粉量。
（5）和（6）如果粉末堆积太多，味道会变得不均匀，所以要敲打1~2次，轻轻地调整一下粉末。
（7）用手指将粉末表面调平使之均匀。
（8）和（9）就像画圆一样，从右到左、从左到右重
复2次。
（10）将压粉器直接压在上面并旋转10~15次。
（11）使得粉末分配得更均匀。
（12）和（13）用压分锤垂直按压。
（14）用干净的擦布擦拭板子。
（15）将接粉器牢固地安装在机器上。
（16）一边测量质量（液量）和计算时间，一边开始萃取。

一起来拉花

妙趣在于拿铁拉花的艺术！

在家享用拿铁，便可随意画出自己喜欢的拉花图案。只要掌握了诀窍，如果是最基本的心形，
一天内学会不是梦。用华丽的拉花款待客人，定能让客人笑容满面！

大家都喜欢的
拿铁拉花
艺术！

心形　（1）将奶泡一点点地倒入装有浓缩咖啡的杯子中。为了不让气泡进入，刚开始时宜从稍远距离轻轻地倒入。
（2）在浓缩咖啡里加入适量的奶泡后，将拉花缸移到杯子中央位置附近。
（3）将拉花缸靠近杯子，有意识地使奶漂浮，一边好好调整拉花缸的角度一边倒入牛奶。
（4）如果表面出现白色圆圈图案，移动拉花缸横穿圆圈图案。

郁金香形　（1）和画心形一样，轻轻地将一定量的奶泡倒入杯子里，白色和茶色对比明显。
（2）一边倾斜杯子，一边使形状在杯中央附近漂浮。
（3）期间先暂停注奶一次，在前面画一个圆形。
（4）完成两个白色部分后，分别倒入少量奶泡，横穿每个部分。

叶子形　（1）开始时，为了让奶泡下沉，要小心倒入奶泡。
（2）泡沫浮现时，将杯子倾斜，然后将拉花缸向里移动。
（3）画出月牙形的大叶子后，一边轻轻摇晃一边将拉花缸移到前面。
（4）以接近三角形的轮廓为目标，拉花至顶点后，一边注入奶泡一边向中央移去。直线通过中央，拉花就完成了。即使是手工灵巧的人也需要花上一周的时间才能学会，所以学习要有耐心。

$\boxed{准备}$

拿铁拉花艺术少不了奶泡，而奶泡多少受季节影响，标准脂肪含量为3.6%（质量分数）的牛奶，
这种没经过成分调整的牛奶会比较容易处理。

首先，放点蒸汽，加热喷嘴并擦去多余的水分。然后，将喷嘴插入装有冷牛奶的拉花缸中，开始放蒸汽。注意喷嘴的角度、深度和位置，使空气循环。适合拉花的理想奶泡细小、质地光滑。最后，泡沫牛奶完成后，趁着浓缩咖啡上漂浮的泡沫还没有消失之前，迅速开始拉花。

购物指南
家庭咖啡师的必备工具

严选能在家里煮出正宗浓缩咖啡、高规格且价格实惠的咖啡器具！
还有咖啡师藤冈先生的一些参考建议。

细节

商品 1

阿凯亚
露娜

| 电子秤 |

液晶面板尺寸适中，可见度高，是可靠的家用咖啡器具。

藤冈先生的参考建议："这是一款高性能精密电子秤，具有让高级专家也认可的功能，是判断基准、萃取咖啡时必不可少的工具。这个秤结构紧凑，防水耐热性能优异，可以进行计时，精确度可到0.01克。"该电子秤通过蓝牙与应用程序联动，记录热水、咖啡豆量等数据，并可通过互联网与全球用户共享配方。

规格

■ 尺寸：*H*15.5毫米 × *W*105毫米 × *D*105毫米
■ 质量：270克
■ 零售价：35425日元

商品 2

RATTLEWARE
铝制压粉锤（58毫米）

| 压粉锤 |

藤冈先生的参考建议："这是一款铝制压粉锤。轻便、简易，价格也很实惠，适合初学者使用。"该款压粉锤操作简单，是十分热门的基本款。因为重量轻，女性也可很好地使用。可与127页商品3配套使用。

规格

■ 尺寸：*H*90毫米
■ 质量：约235克
■ 零售价：4752日元

细节

平滑的压面和易拿的手柄，是可以随意使用且具有实用性的优质压粉锤。

物美价廉

RANCILIO

西尔维亚（Silvia）咖啡机+洛奇（Rocky）磨豆机

浓缩咖啡和制作浓缩咖啡用的咖啡磨豆机

在其发源地意大利，该款磨豆机为拥有70年以上历史的老字号厂商制作的精品。这台浓缩咖啡机和磨豆机都采用了紧凑的家用不锈钢机身，专业味十足，即使是初学者也能体验到咖啡师般的感觉。藤冈先生的参考建议："这套机器的附属品接近商用，最适合做家用浓缩咖啡机。磨豆机是可以储存粉末的经典推粉机类型，还可以设定后研磨成细小的粒度。"

规格

西尔维亚咖啡机
■ 尺寸：$W350$毫米 × $H345$毫米 × $D305$毫米
■ 水箱容量：2.5升
洛奇磨豆机
■ 尺寸：$W120$毫米 × $H350$毫米 × $D250$毫米
■ 咖啡豆容量：300克
■ 零售价：154285日元（套装）

商品 4

FBC

家用咖啡渣槽 P-005

咖啡渣槽

使用完压粉机后，可敲掉接粉器上的多余粉末，快速处理掉咖啡粉渣。该槽筒由高强度塑料制成，底部有防滑件，使用起来很方便。藤冈先生的参考建议："这是可装咖啡渣的容器。不仅外观时尚，还方便清洗。"

规格

■ 尺寸：$H16$厘米 × $D14$厘米
■ 材质：聚丙烯
■ 零售价：3888日元

商品 5

OCD

咖啡压粉器 第三版

压粉器

近年来比较受瞩目的咖啡商品，可将粉末均匀分到接粉器内的滤网中，减少萃取误差。藤冈先生的参考建议："这是高级专家也在使用的最新工具。谁都能简单地将粉末均匀地装好，可很好地保持咖啡风味。"

规格

■ 尺寸：约390克
■ 零售价：21780日元

图书在版编目（CIP）数据

完全咖啡知识手册：升级版 / 日本枻出版社编辑部
编；张文慧译. —北京：中国轻工业出版社，2022.12
（元气满满下午茶系列）
ISBN 978-7-5184-3942-3

Ⅰ.①完… Ⅱ.①日… ②张… Ⅲ.①咖啡—基本知识
Ⅳ.① TS273

中国版本图书馆CIP数据核字（2022）第055540号

审图号：GS（2022）2698号

责任编辑：王　韧
策划编辑：江　娟　　责任终审：高惠京　　封面设计：奇文云海
版式设计：锋尚设计　　责任校对：朱燕春　　责任监印：张　可

出版发行：中国轻工业出版社（北京东长安街6号，邮编：100740）
印　　刷：鸿博昊天科技有限公司
经　　销：各地新华书店
版　　次：2022年12月第1版第1次印刷
开　　本：720×1000　1/16　印张：8
字　　数：140千字
书　　号：ISBN 978-7-5184-3942-3　定价：68.00元
邮购电话：010-65241695
发行电话：010-85119835　传真：85113293
网　　址：http://www.chlip.com.cn
Email：club@chlip.com.cn
如发现图书残缺请与我社邮购联系调换
200861S1X101ZYW